汉译世界学术名著丛书

控制论

〔美〕诺伯特·维纳 著

王文浩 译

Norbert Wiener

CYBERNETICS

or Control and Communication in the Animal and the Machine

Second Edition

根据麻省理工学院出版社 1948 年和 1961 年版译出

汉译世界学术名著丛书
出 版 说 明

我馆历来重视移译世界各国学术名著。从20世纪50年代起，更致力于翻译出版马克思主义诞生以前的古典学术著作，同时适当介绍当代具有定评的各派代表作品。我们确信只有用人类创造的全部知识财富来丰富自己的头脑，才能够建成现代化的社会主义社会。这些书籍所蕴藏的思想财富和学术价值，为学人所熟悉，毋需赘述。这些译本过去以单行本印行，难见系统，汇编为丛书，才能相得益彰，蔚为大观，既便于研读查考，又利于文化积累。为此，我们从1981年着手分辑刊行，至2021年已先后分十九辑印行名著850种。现继续编印第二十辑，到2022年出版至900种。今后在积累单本著作的基础上仍将陆续以名著版印行。希望海内外读书界、著译界给我们批评、建议，帮助我们把这套丛书出得更好。

商务印书馆编辑部

2021年9月

献给 阿图罗·罗森布鲁斯
我多年来科学上的伙伴

目　　录

第一部分　初版(1948年)

第二部分　补充章节(1961年)

第2版序言

当我在大约13年前写《控制论》第1版时，我是在非常困难的条件下写作的，因而遗憾地留下了好些印刷错误和一些内容上的错误。现在我认为是时候对控制论做重新考虑了，这不仅是因为控制论将成为未来某个时期要执行的一个计划，而且是因为它已是现存的一门科学。因此，我借此机会，应读者要求，对它做必要的修订；同时，根据该学科的现状和自第1版以来新出现的相关思维模式对其进行增补。

如果一门新的科学学科具有真正的生命力，那么对它的兴趣焦点就必然而且应当在几年中发生转移。当我第一次写《控制论》时，我发现阐明我的观点的主要障碍是，有关统计信息和控制理论的概念不仅是全新的，甚至可能会对当时的既定观点造成冲击。而现在，作为通信工程师和自动控制设计的工具，这些概念已经变得如此熟悉，以致我主要担心的是本书的内容是否会变得有些陈旧和平庸。反馈在工程设计和生物学中的作用已经得到很好的确立。对于工程师、生理学家、心理学家和社会学家来说，信息的作用以及测量和传递信息的技术已构成一个完整的学科。在本书第

1版面世时，自动机还仅仅是一种预言，而现在它们已经流行开来，我在本书以及在另一本科普小书《人有人的用处》[①]中所警告的由此带来的相关的社会危险已经明显可见。

viii 因此，控制论专家有必要迈向新的领域，将他的大部分注意力转移到过去10年里发展起来的新思想上去。对简单的线性反馈的研究曾在唤起科学家研究控制论方面起到非常重要的作用，但现在人们认识到，这些反馈既不像其初看起来那么简单，也远非线性。事实上，在早期的电路理论中，对电路网络做系统处理的数学手段没有超出电阻、电容和电感的线性串并联。这意味着对整个研究对象，运用传输信息的谐波分析，以及传输信息的电路的阻抗、导纳和电压比值，就可以充分地予以描述。

早在《控制论》出版以前，人们就已开始认识到，这个框架并不适用于研究非线性电路（如我们在许多放大器、电压限幅器、整流器等电路中看到的情形）。然而，由于缺乏更好的方法，因此许多人试图将旧的电气工程里的线性概念扩展到远远超出新型器件可以自然运用这些概念来表示的程度。

当我在1920年前后来到麻省理工学院的时候，处理非线性设备所涉问题的一般模式是寻找一种方法，直接将阻抗概念推广到涵盖线性和非线性系统。其结果是非线性电气工程的研究陷入一种类似于托勒密天文学体系的最后阶段的那种状态，本轮上叠加

① Wiener, N., *The Human Use of Human Beings; Cybernetics and Society*, Houghton Mifflin Company, Boston, 1950.（中译本《人有人的用处:控制论和社会》，陈步译，商务印书馆1978年6月第1版。——译者）

本轮,修正后再加修正,直到这个巨大的拼凑结构最终在自身的重量下被压垮。

正如在过于造作的托勒密体系的残骸上诞生了哥白尼体系——一种简单而自然的日心说,用天体围绕太阳运动的描述取代了托勒密复杂且不甚明了的地心说,非线性结构和系统的研究,无论是电气的还是机械的,无论是自然的还是人工的,都需要一个新的、独立的起始点。我在《随机理论中的非线性问题》[①]一书中尝试着提出了一种新方法。它表明,在我们开始考虑非线性现象时,那种在处理线性现象时非常重要的三角函数分析并不适用。这在数学上有着非常明确的理由。像许多其他物理现象一样,电路现象也具有时间原点位移不变性的特征。所谓时间原点位移不变性是指,如果我们在正午 12 点开始一个物理实验,那么它在下午 2 点所达到的状态,将与在 12:15 开始的实验在 2:15 所达到的状态一样。因此,物理学定律与时间平移变换群的不变性有关。

三角函数 sin nt 和 cos nt 就是同样的平移变换群下的某种重要的不变量。其一般函数形式

$$e^{i\omega t}$$

有如下函数变换

$$e^{i\omega(t+\tau)}=e^{i\omega\tau}e^{i\omega t}.$$

即在该变换下,通过对 t 加上 τ,我们得到相同的表式。因为

① Wiener, N., *Nonlinear Problems in Random Theory*, The Technology Press of M.I.T. and John Wiley & Sons, Inc., New York, 1958.

$$
\begin{aligned}
& a\cos n(t+\tau)+b\sin n(t+\tau) \\
&\quad =(a\cos n\tau+b\sin n\tau)\cos nt+(b\cos n\tau-a\sin n\tau)\sin nt \\
&\quad =a_1\cos nt+b_1\sin nt.
\end{aligned}
$$

换句话说，函数族

$$Ae^{\mathrm{i}\omega t}$$

和

$$A\cos\omega t+B\sin\omega t$$

均为平移变换下的不变量。

还存在平移变换下保持不变的其他函数族。我们来考虑所谓随机行走过程。所谓随机行走，是指粒子的运动在任何时间间隔内都具有这样一种分布，其分布仅取决于这个时间间隔的长度，而与该过程的起始状态无关。所有的随机行走过程在时间平移变换下都仍是其自身。

换言之，其他函数也具有三角曲线所具有的那种单纯的平移不变性。

三角函数除了具有这种不变性之外，还具有其他特性：

$$Ae^{\mathrm{i}\omega t}+Be^{\mathrm{i}\omega t}=(A+B)e^{\mathrm{i}\omega t}.$$

因此这些函数构成一个非常简单的线性集合。需要指出的是，这个性质与线性性有关，也就是说，我们可以把给定频率的所有振荡简化为这两个量的线性组合。正是这种特殊性质使得谐波分析具有处理电路的线性特性的价值。函数

$$e^{\mathrm{i}\omega t}$$

x

是平移变换群的特征，它给出这个群的线性表示。

但当我们处理的函数组合不是常系数相加——例如，我们将

两个函数相乘——时，那么简单的三角函数便不再有这种初等群的性质。另一方面，诸如随机行走中出现的随机函数却具有某种非常适合用来讨论其非线性组合的性质。

我不想在此深入研究这项工作，因为它在数学上相当复杂。有兴趣的读者可以去参阅我的《随机理论中的非线性问题》一书。那本书中的材料已经在很大程度上被运用于讨论具体的非线性问题，但要实施书中所提出的方案还有许多工作要做。它的实际意思是说，对于非线性系统的研究，合适的检测输入是具有布朗运动特征的量而非三角函数型的量。在电路的情形下，这种布朗运动函数物理上可以通过散粒效应产生。这种散粒效应表现为一种不规则电流的现象，它起因于电流并非电的连续流动，而是一系列不可分割的等电荷的电子的运动的结果。因此，电流具有统计上的无规性质，其本身具有某种平均性质，但当被放大到某种程度之后，就可以明显看出它们是由随机噪声构成的。

正如我在本书第 9 章中所表明的，实际上这一随机噪声理论不仅可用于电路和其他非线性过程的分析，而且可以用于其合成行为的分析。[①] 所用的方法是将具有随机输入的非线性仪器的输出化简为某种有明确定义的、与厄米多项式密切相关的正交函数序列。非线性电路分析要处理的问题，主要就是通过平均过程来确定某些输入参数条件下这些多项式的系数。

这种处理的描述相当简单。除了用来表示未分析的非线性系

① 这里，我在用"非线性系统"这个术语时并不排除线性系统，而是将其包含在一个更大的系统范畴内。利用随机噪声对非线性系统进行分析也适用于线性系统。

xi 统的黑箱之外，我还用到某些结构已知的对象，我称其为白箱，它们代表所需展开式里不同的项。[①] 我将相同的随机噪声分别输入到黑箱和给定的白箱。白箱在黑箱上的展开系数以二者输出的乘积的均值给出。虽然这个均值是对散粒效应输入的整个系综取平均，但我们有一条定理，它允许我们用时间平均来取代这种系综平均，除非该系综是一系列概率为0的情形。为了得到这个均值，我们随便用一个乘法器都能得到黑箱和白箱的输出的乘积。至于取平均的器件，我们可以利用这样一个事实：电容器两端的电压正比于该电容器所含的电量，因此也正比于通过电容器的电流的时间积分。

这不仅能够逐个确定每个白箱（它们构成黑箱的等价表示式里的相加的部分）的系数，而且可以同时确定这些量。甚至有可能通过采用适当的反馈方法使每个白箱自动将自身调节到与其在黑箱展开式的系数相对应的水平。由此我们能够构建一个多个白箱并联的复合体，当将它适当连接到某个黑箱并给予同一个随机输入后，它将在运算上自动变成这个黑箱的等价物，尽管其内部结构存在着很大的差异。

这些运算——分析、合成和白箱的自动实现自调节到黑箱的等价物——也可以用其他方法来执行，阿玛尔·玻色（Amar

① 术语“黑箱”和“白盒”是一种方便、形象但其意义尚不十分明确的叫法。我将黑箱理解为这样一种装置，它是一个四端网络，有两个输入端和两个输出端。它对当下和过去的输入电压执行确定的运算，但我们不必知道它采用什么结构来执行这个运算。另一方面，白箱也是一种类似的网络，但它的输入和输出之间具有明确的关系，这种确定关系是我们给出的明确结构使然，它确保之前确定的输入-输出关系。

bose)教授[1]和加博尔教授[2]已经对这些方法给予了描述。在所有这些方法中,都采用了某种训练或学习的过程,即通过选择黑箱和白箱的适当的输入并对其进行比较。在许多这类程序中,包括加博尔教授的方法,乘法装置起着重要作用。虽然在电路原理上我们有许多方法来实现两个函数的相乘,但在技术层面上看,这个任务实现起来并不容易。一方面,一个好的乘法器必须在很大的幅值范围上都能工作;另一方面,其运行还必须能够做到近乎瞬时响应,以便在高频下保持准确同步。加博尔声称,他的乘法器的频率响应范围可以达到大约1000周。在其就任伦敦大学帝国理工学院首席电气工程教授的就职论文中,加博尔既没有明确指明他的乘法器能有效工作的幅值范围,也没有给出精度。我正迫切地等待着他对这些特性的明确阐述,以便我们在将这种乘法器用于其他情形下时能够给出一个合理的估计。 xii

这些器件里都有一种机构,它依据过去的经验来实现具体结构或功能。所有这些器件导致我们对工程学和生物学采取一种非常有趣的新的态度。在工程领域,具有类似特性的器件不仅可以用来玩游戏和执行其他的目的性动作,而且可以基于过去的经验对其性能不断加以改进。我将在本书的第9章里讨论其中的某些可能性。而在生物学领域,我们至少可以模拟某种反映生命本质

---

① Bose, A. G., "Nonlinear System Characterization and Optimization", *IRE Transactions on Information Theory*, IT-5, 30-40 (1959)(Special supplement to *IRE Transactions*).

② Gabor, D., "Electronic Inventions and Their Impact on Civilization", *Inaugural Lecture*, March 3, 1959, Imperial College of Science and Technology, University of London, England.

现象的过程。遗传之所以可能,细胞之所以能够复制,其必要条件就在于细胞中携带遗传物质的成分——所谓基因——能够按其自身的镜像来构建其他类似的遗传载体结构。因此对于我们来说,掌握这样一种方法,借助于它,利用工程结构原理就能够实现另一种具有类似于其自身功能的结构,将是非常令人兴奋的。我将在第10章中来探讨这个问题,特别是要讨论一个给定频率的振荡系统如何将其他振荡系统约化到同一频率的问题。

人们常说,任何一种酷似现有分子的特定类型分子的产生,都与工程上采用模板的方法有相似之处。在工程上,我们可以用一台机器的功能元件作为模板去制造另一个相似的元件。模板的图案是静态的,因此必然存在某种过程使得一个基因分子可以借此制造另一个分子。我有一个试探性的建议,就是可以用频率——分子光谱的频率——作为携带着生物物质身份的模板要件;而且 xiii 基因的自组织性可以通过我后面将要讨论的频率的自组织性来体现。

我已经一般性地谈了学习机。我将用一章来详细讨论这些机器、其潜力以及它们在使用中的一些问题。在这里我希望做一些一般性的评论。

正如我们将在第1章中看到的,学习机的概念与控制论本身一样古老。在我所描述的防空预报器中,预报器在任意给定时刻的线性特性取决于我们对所要预测的时间序列的系综的统计特性的长期了解。当这些特性的知识可根据我在那里所给出的原理从数学上计算出来时,我们便完全有可能设计出一种能够给出这些统计特性的计算机,并在经验基础上发展出这种预报器的短时特征。这里所说的经验是指在同样的机器上已经观察到的并被用来预测的结果,它们是自动给出的。这种预报器的性能将远远超出纯线性预报器的性能。在由卡里安普尔、马萨尼、阿库托维奇和我写的各篇论文里①,我们已经发展了一种非线性预测理论。想必它至少可以类似的方式被机器化,即利用长期观测数据来给出短时预测的统计基础。

线性预测理论和非线性预测理论都涉及预测的拟合优度的一些判据。最简单的判据——虽然绝非唯一可用的判据——就是求均方误差的极小值。实际使用中所采取的这一判据的具体形式往往与布朗运动的泛函相联系,我用这种布朗运动来构造非线性过程,只要我的展开式的各项具有某种正交性。这些正交性确保了这些有限项的部分和是对待仿真对象的最佳模拟,如果误差的均方判据成立,我们就可以运用这些项来进行最佳模拟。加博尔的工作也依赖于误差的均方判据,但如果作为更一般的方式,它应能够适用于经验获得的时间序列。

学习机的概念可以扩展到远远超出预报器、滤波器和其他类 xiv 似仪器的使用范围。这对于研究和制造出像下国际象棋这样的具有竞争性的游戏的机器尤为重要。在这方面,国际商用机器公司

① Wiener, N., and P. Masani, "The Prediction Theory of Multivariate Stochastic Processes", Part I, *Acta Mathematica*, **98**, 111 - 160 (1957); Part II, *ibid.*, **99**, 93 - 137 (1958). Also Wiener, N., and E. J. Akutowicz, "The Definition and Ergodic Properties of the Stochastic Adjoint of a Unitary Transformation", *Rendiconti del Circolo Matematico di Palermo*, Ser. II, **VI**, 205 - 217 (1957).

实验室的萨缪尔[①]和瓦塔纳贝[②]已经做出了关键性的工作。就滤波器和预报器的情形而言，某些时间序列函数已被得到开发，我们可以根据这些函数对更大一类的函数做展开。这些函数使我们能够对成功实施一项比赛所需的许多重要的量进行数值评估。例如，这些量包括双方的棋子数量、这些棋子的总的运用能力、它们的机动性等等。在机器对弈之初，各种不同的走法被赋予推测性的权重，由机器去选择总权重取最大值的允许走法。到此为止，这台机器还是在按一套死板的程序工作，而不是一台学习机。

然而，有时候机器需要承担不同的任务。它试着根据各种函数——机器能够识别其要表达的意思——来扩展那种用1来表示胜、0表示负、1/2表示平局的函数。由此它会重新确定这些考虑的权重，从而能够进行更复杂的对弈。我将在第9章里讨论这些机器的一些特性，但在此我必须指出，这些机器在经过10—20个小时的学习和训练后，已经足以成功击败其程序员。在那一章里我还想提到一些关于类似机器方面的工作，这些机器被设计用来证明几何定理，以及用来在一定程度上模拟归纳逻辑。

所有这些工作都是编程理论和实践的一部分，麻省理工学院电子系统实验室已对此进行了广泛研究。在这里人们发现，除非使用这类学习机，否则要对一台待模拟的机器进行编程，这本身就是一项非常困难的任务，因此我们迫切需要借助于机器来进行这

① Samuel, A. L., "Some Studies in Machine Learning, Using the Game of Checkers", *IBM Journal of Research and Development*, **3**, 210-229 (1959).

② Watanabe, S., "Information Theoretical Analysis of Multivariate Correlation", *IBM Journal of Research and Development*, **4**, 66-82 (1960).

类编程。

既然学习机的概念适用于我们自己制造的机器，那么我们也可以将这一概念运用到我们称之为动物的活的机器上，由此我们 xv 就可以对生物控制论产生新的认识。在目前的各种研究中，我想特别要提到由斯坦利-琼斯写的一本关于生命系统控制论(注意其拼写)的书①。在这本书中，他们花费了大量精力来阐述维持神经系统工作水平的反馈，以及对其他特定刺激做出响应的反馈。由于系统水平与特定反应的结合在很大程度上是乘法性的，因此也是非线性的，并且包含了我们已经指出的排序考虑。这一领域的活动目前非常活跃，我希望它在不久的将来变得更加活跃。

迄今我所给出的关于记忆机器和自增殖机器的方法，在很大程度上(但不完全是)依赖于那些高度专门化的设备，或我可以称之为蓝图的设备。同一过程的生理学层面则必然要求有更符合生物体的特有技术，其中蓝图被一种不太具体，但系统自组织的过程所取代。本书第 10 章解剖了一个自组织过程的样本，从中可见，通过这一过程，脑电波形成了一系列窄且高度专一的频率。因此，这一章在很大程度上是前一章在生理学领域的对应陈述。在前一章里，我更多的是基于蓝图来讨论类似的过程。在我看来，脑电波中这种窄频的存在，和我提出的对其起源、作用及其医学上的用途予以阐述的理论，是生理学上一个重要的新突破。类似的想法也可以运用到生理学的许多其他分支，并能够对生命现象的基本原

① Stanley-Jones, D., and K. Stanley-Jones, *Kybernetics of Natural Systems, A Study in Patterns of Control*, Pergamon Press, London, 1960.

理的研究做出真正的贡献。在这个领域,我所给出的更多的是纲领而非具体工作,但这是一个我抱有很大希望的纲领。

无论是第1版还是目前这一版,我都无意于将本书写成一本囊括控制论所有工作的汇编。这既非我的兴趣所在,亦非我的能力所及。我的意图是要表达和扩充我对这个问题的看法,并展现最初引导我走进这一领域的一些想法和哲学思考,以及那些仍令我对其发展感兴趣的东西。因此,这是一本非常个性化的书,对于xvi我感兴趣的那些发展,我给予了很大篇幅,而对于那些我自己没有研究过的领域,则着墨较少。

在本书修订过程中,我得到了许多方面的宝贵帮助。我要特别感谢麻省理工学院出版社的康斯坦斯·博伊德(Constance D. Boyd)女士、东京工业大学的池原鹿夫(Shikao Ikehara)博士、麻省理工学院电气工程系的李郁荣[①](Y. W. Lee)博士和贝尔实验室的戈登·雷兹贝克(Gordon Raisbeck)博士,对他们给予的合作表示感谢。此外,在我写作新的章节的过程中,特别是第10章的计算,在其中我考虑了自组织系统(在脑电图的研究中可见一斑)的情形,我要说我得到了我的学生的帮助。他们是约翰·科特利(John C. Kotelly)和查理·罗宾逊(Charles E. Robinson),特别要感谢麻省总医院的约翰·巴罗(John S. Barlow)博士的贡献。本书的索引是由詹姆斯·戴维斯(James W. Davis)完成的。

如果没有这些人的细心和奉献,我可能既没有勇气也无法准

---

① 这个汉译名字从郝季仁译本(《控制论》,郝季仁译,科学出版社1962年第1版),后同此。——译者

确地写出这个新的修订版。

诺伯特·维纳

马萨诸塞州,坎布里奇

1961 年 3 月

第一部分

初版(1948年)

引　言

这本书代表了过去十多年来我与阿图罗·罗森布鲁斯(Arturo Rosenblueth)博士——当初在哈佛医学院,现就职于墨西哥国立心脏病研究所——共同执行的一项计划的成果。在那些日子里,罗森布鲁斯博士,作为已故的沃尔特·坎农(Walter B. Cannon)博士的同事和合作者,主持了一系列有关科学方法的每月一次的讨论会。参加者大多是哈佛医学院的年轻科学家,我们围坐在范德比尔特大厅的圆桌旁晚餐,交谈热烈而奔放。每个人无须鼓励即可表达看法,也没有论资排辈的俗套。饭后会由某个人——或是我们的小组成员或是嘉宾——宣读一篇关于某个科学话题的论文,通常是关于方法论的问题。这个问题可能是首次提出,或者至少是一个当下主流的看法。宣读者少不了受到一通尖锐的批评。所有批评意见都是出于善意但不留情面。这对于去除那些半生不熟的想法、不到位的自我批评、过度的自信和自大等心态是一种绝好的方剂。那些受不了这种当众出丑的人下回就不来了,但在出席这些聚会的常客中,大多数人觉得这种磨炼对于我们日后从事科学工作具有重要而持久的作用。

参与者并不都是医生或医学科学家。我们中有一位对讨论有很大帮助的常客,叫曼努埃尔·桑多瓦尔·巴利亚塔(Manuel Sandoval Vallarta)博士。像罗森布鲁斯博士一样,他也是墨西哥人,还是麻省理工学院的物理学教授。他曾是我在第一次世界大战后来到该学院后的第一批学生之一。巴利亚塔博士通常会带着他的麻省理工学院的同事一起来参加这些讨论会。正是在此期间,我第一次见到了罗森布鲁斯博士。长期以来我一直对科学方法感兴趣。事实上,在1911—1913年间,我一直参与约西亚·罗伊斯(Josiah Royce)就这个主题主办的哈佛研讨会。此外,大家认为有一位能批判性地检查数学问题的人出席是非常有必要的。因此我便成了这个聚会的积极成员,直到罗森布鲁斯博士于1944年应邀去了墨西哥,并且战争带来的普遍的混乱结束了这一系列聚会为止。

多年来,我和罗森布鲁斯博士都相信,科学发展中最富于成果的领域是那些已确立的领域之间被忽视的无主地带。自从莱布尼茨以来,大概再也没有人能够完全掌握他所处时代的所有知识活动了。从那时起,科学越来越成为专家的任务,各领域都有变得越来越窄的趋势。一个世纪前,虽然没有莱布尼茨,但还有高斯、法拉第和达尔文。今天,很少有学者能够不加限定地称自己为数学家,或物理学家,或生物学家。一个人可以是拓扑学家,或声学家,或鞘翅目昆虫学家。他满肚子都是他那个领域的术语,他知道该领域的所有文献及其一切结果,但他更经常地将相邻领域里的问题看成是走廊上隔三个门的房间里的同事的事情,并且认为对它发生兴趣犹如侵犯别人隐私那般不可容忍。

这些专业领域不断发展并侵入新的领域。其结果就像是俄勒冈州同时遭到美国殖民者、英国人、墨西哥人和俄罗斯人的入侵——来探险的、来命名的和来行使法律权威的纠结一团。正如我们将在本书的正文中看到的那样，在有些科学研究领域，人们已经从纯数学、统计学、电气工程和神经生理学等不同侧面给予了探讨；其中的每一个概念都有不同学科给出的单独的名称，并且有些重要的工作已经重复了三四遍。与此同时，其他一些重要工作却因为某个领域的结果尚付阙如而被推迟，而这些结果在临近的领域早已成为经典。

正是这些科学的边缘地带为有能力的研究者提供了最丰富的机会。同时它们也是采用集团进攻和分工协作等公认的方法最难奏效的。如果一个生理学问题的困难本质上是数学困难的话，那么十个不懂数学的生理学家一起攻关与一个不懂数学的生理学家单独攻关并无区别，不会更好。如果一个不懂数学的生理学家与一个不懂生理学的数学家一起攻关，那么一个人将无法用对方能够理解的语言来陈述他的问题，后者也无法用前者可以理解的方式来给出答案。罗森布鲁斯博士一直认为，要想开垦科学版图上的这些处女地，只能通过这样一个科学家团队来进行，其中每个人不仅是他自己领域里的专家，而且对其临近领域有着十分透彻的了解和训练。大家都习惯于一起工作，都知道彼此的知识专长，都认识到同事的新建议在给出正式表述之前所具有的意义。数学家不必具有进行生理实验的技能，但他必须具备理解、评判和建议一项实验的技能。生理学家无须会证明某个数学定理，但他必须能够把握该定理的生理学意义，并告诉数学家他要的是什么。多年来我们梦寐以求能有这么一批独立的科学家，他们一起工作在科学的这些边缘地带,不是作为某个伟大的执行官的下属,而是有着共同的渴望,准确地说,是一种想要从整体上了解这个领域,并借助于彼此在理解上的力量这样一种精神上的需求。

早在我们选定共同研究的领域和各自的分工之前,我们已经就这些问题达成了一致意见。采取这一新步骤的决定性因素是战争。很久以前我就知道,一旦国家危急,我的作用很大程度上取决于两件事情:与万尼瓦尔·布什(Vannevar Bush)博士开发的计算机项目密切接触,以及我自己的与李郁荣(Yuk Wing Lee)博士共同研究的关于电力网络设计的工作。事实上,这两项工作都被证明是重要的。1940年夏天,我将很大一部分精力转移到开发用计算机来解偏微分方程的工作上。我一直对这些问题感兴趣,并自信,它们的主要问题是多变量函数的表示问题,这与布什博士用微分分析器所处理的常微分方程的情形很不相同。而且我还相信,通过扫描,就是电视里所采用的过程,就能给出这个问题的答案。事实上,通过引入这些新技术,电视对于工程而言注定要比作为一个独立的产业更有用。

显然,与常微分方程问题中的数据量相比,任何扫描过程所处理的数据量都必然大大增加。为了能在合理的时间内取得合理的结果,就必须将基本运算速度推到最大限度,并要避免采取那些本质上较慢的步骤以免打断这些过程的流程。此外还需要使各个过程都以很高的精度执行,使得基本过程在大量的重复运算后也不至于使误差累积到完全失去精确性的地步。为此我提出了以下要求:

1. 计算机核心部分的加法和乘法运算应当是数字式的,就像普通的加法机一样，而不是像布什的微分分析仪那样是基于测量。

2. 这些本质上属于开关设备的计算设备应当依靠电子管而不是齿轮或机械继电器来实现，以确保更快的动作。

3. 根据贝尔电话实验室的现有设备所采用的策略，设备采用二进位而不是十进位的加法和乘法可能更经济。

4. 整个运算序列都由机器本身来执行，这样，从数据输入直到最终结果出来的整个过程就不会受到人为干预，而且所有必要的逻辑决策都应当由机器本身来完成。

5. 该机器包含一个存储数据的装置，它能迅速记录数据，并将它们牢固地保存到被擦除为止；它能快速读取，快速擦除，随后立即被用于存储新数据。

这些建议，以及有关实现它们的方法的试探性建议，被提交给万尼瓦尔·布什博士以备战争之需。但在战争的准备阶段，它们似乎并没有受到足够的重视而立即得到实施。但不管怎么说，它们代表了现已融入现代高速计算机的那些概念。这些概念体现了那个时代的思想的精华。我丝毫没有想要申明我对引入这些概念所做出的贡献之类的诉求。不管怎么说，它们已被证明是有用的，因此我希望我的这份备忘录能对工程师普及这些概念起到了一定的作用。无论如何，正如我们在本书的正文中所看到的，所有这些概念都可以与神经系统研究建立起有趣的联系。

这项工作就这样被提上了议事日程。但尽管已证明这件事值得去做，罗森布鲁斯博士和我自己却都没有立即启动该项目。我们的实际合作是缘于另一个项目。这个项目也是为上次战争而准备的。战争初期，德国在航空领域的优势和英国的防御地位引起

5

许多科学家对防空火炮的重视。甚至在战争之前,这一点就已变得很清楚:飞机的速度已使得所有经典的火炮射击方法过时了,有必要将所有必要的计算内置于控制装置。弹道的确定还因为下述事实而变得更加困难:与所有以前遇到的目标不同,飞机的速度已经比用来击落它的炮弹的速度慢不了多少。因此这一点是极为重要的:炮弹的出射不是瞄准目标,而是应以炮弹的轨迹和打击目标的轨迹在未来空间某一点相交的方式来确定出射方向。因此,我们必须找到某种方法来预测飞机在未来的位置。

最简单的方法是沿直线来推断飞机的航线。这有很多值得推荐的理由。飞机在飞行中急转和拐弯的次数越多,其有效速度就越小,可供完成任务的时间也越少,在危险区域停留的时间则越长。因此在其他条件相同的情形下,飞机将尽可能地沿直线飞行。但当第一颗炮弹出膛后,其他条件就不相同了,飞行员将会采取之字形曲线、滚翻或其他方式的规避动作来飞行。

如果飞行员能够随心所欲地采取这些动作,而且他能够像优秀的扑克玩家那样运用自己的智慧,那么他就有足够多的机会在炮弹到来之前改变他的预定位置,使得我们无法准确地计算出击中它的概率,除非采用非常耗费的密集炮火。但实际上,飞行员并没有完全凭意愿机动的自由。只消指出一点,他是在一架高速飞行的飞机上,任何过于突然地偏离航向都会产生一个足以使他失去意识并可能导致飞机解体的加速度。而且他只能通过操控控制台来控制飞机,而新的飞行姿态需要一定的时间才能形成。甚至当新的飞行姿态完全确立后,能改变的也仅仅是飞机的加速度,而这种加速度的变化必须先转化为速度的变化,然后再转化为位置的变化才能最后起效。此外，飞行员在紧张的作战条件下几乎很难进行任何非常复杂的和不受约束的随意动作，他很可能是按照他所受训练的模式来做出反应。 6

所有这些都使我们有必要对飞行曲线的预测问题进行研究，无论对于内置了这种曲线预测的控制装置的实际使用者来说结果是有利还是不利。要对曲线的未来走向进行预测，就需要对其过去进行某种运算。虽然真正的预测运算不可能由任何可构造的装置来实现，但有些运算具有某种相似性，事实上可以利用我们能制造的设备来予以实现。我曾向麻省理工学院的萨缪尔·考德威尔(Samuel Caldwell)教授建议，这些机器运算很值得尝试。他立即建议我们用布什博士的微分分析机试试，将它作为一个现成的理想火力控制设备模型。我们这样做了，其结果将在本书的正文里讨论。不管怎么说，我发现自己已经介入一项战备课题。在其中我和朱利安·比奇洛(Julian H. Bigelow)先生搭档，共同研究预测理论以及将这些理论结果付诸实施的装备制造的问题。

可以看到，这已是我第二次从事设计用来替代人的特定功能的机械-电气系统的研究了——第一次是执行复杂的计算模式，第二次是对未来进行预测。在这第二种情形下，我们不应回避讨论人类的某些功能的表现。在一些火控装置中，最初的瞄准脉冲信号确实是直接来自雷达，但更常见的情形是，火控系统中都有一个由人担任的火炮瞄准手(gun-pointer)或火炮教练(gun-trainer)或两者的结合，他们是这个系统的重要组成部分。了解他们的特性，对于从数学上将他们纳入他们控制的机器系统是非常必要的。此外，他们的目标——飞机——也是受人类控制的，我们也需要了解它们的运动特性。

比奇洛先生和我得出的结论是,随意活动中一个极其重要的因素是从事控制的工程师所说的反馈。我将在适当的章节中详细讨论这一问题。这里只需提这么一点:当我们希望一个运动按照给定模式进行时,这个模式与实际进行的运动之间的差值被用作一个新的输入量去调节该运动,使其按更接近于给定模式的方式运动。例如,船舶上都有一种装置叫转向舵,它将方向盘的读数传递给与舵柄相连的一个偏置机构,由它来调节舵机的阀门,从而使舵柄按关闭这些阀门的方向转动。这样,舵柄的转动就会传递到这个调节阀门的偏置机构的另一端,并以这种方式将方向盘的角度位置寄存为舵柄的角度位置。显然,任何阻碍舵柄运动的摩擦力或其他延迟力都会使阀门一侧的蒸汽量增加,另一侧的蒸汽量减少,这样就增加了将舵柄带到所需位置的扭矩。因此,这种反馈系统往往使转向舵机的性能相对独立于其负载。

另一方面,在某些时间延迟条件下,过于粗率的反馈会使船舵越位,从而继之以其他方向的反馈,使舵的越位更甚,直至转向机构陷入强烈振荡或摆动状态,最后完全停机为止。在诸如麦科尔(L. A. MacColl)写的一本书[①]里,我们可以找到对反馈的非常到位的讨论,在何种条件下是有利的,在何种条件下导致停机。反馈已是一种我们可以从定量的角度来予以非常透彻的理解的现象。

现在,假设我捡起一支铅笔。要做到这一点,我必须运动某些

① MacColl, L. A., *Fundamental Theory of Servomechanisme*, Van Nostrand, New York, 1946.

肌肉。但除了少数解剖学专家外，我们所有人都不知道有哪些肌肉参与了运动；即使是在解剖学家中，也很少有人（如果有的话）能够通过对所涉每块肌肉的一连串收缩的有意识的意愿来实现这个动作。相反，我们的意愿是**把铅笔捡起来**。一旦我们决定了这么做，我们的运动就会以这样一种方式进行：粗略地说，就是在每个瞬间，铅笔尚未捡起的信息量被减少。这部分动作不全是有意识的。

要以这种方式完成一个动作，我们必须有意识或无意识地向神经系统报告我们在每个瞬间尚未捡起铅笔的信息量。如果我们用眼睛看着铅笔，这个报告可能是关于视觉的，至少部分是这样。但更一般地，这种报告是关于动觉的，或者用现在流行的一个术语，是本体性的。如果这种本体感觉缺失，我们又不能用视觉或其他替代性知觉来代替它们，那么我们就不能完成捡起铅笔的动作，并发现自己处于所谓“共济失调”的状态。这类共济失调在所谓**脊髓痨**（一种因中枢神经系统受到梅毒侵害而致病的病症）的病征中是常见的，这种病的起因就是由脊髓神经传递的运动感觉或多或少地遭到了破坏。 8

然而，过度反馈对有组织的活动的妨碍很可能与欠反馈的缺陷一样严重。鉴于这种可能性，比奇洛先生和我带着一个很具体的问题去请教罗森布鲁斯博士。有没有这样一种病理状态，在此状态下，病人原本试图去捡拾铅笔，结果反应过度，进入一种无法控制的振荡状态？罗森布鲁斯博士立即回答我们说，有，而且很出名，它称作目的性颤抖，多与小脑损伤有关。

我们由此找到了至少是关于随意活动的性质的假说的最重要

的证据。值得注意的是,我们的观点大大超越了神经生理学家中流行的观点——中枢神经系统是一个自足的系统,只承担接收来自感官的输入并向肌肉放电的功能。相反,它的一些最具特色的活动只有看作循环过程——从神经系统到肌肉,再通过感觉器官进入神经系统——才是可理解的。这里所说的感官既可以是本体感受器也可以是特殊的感觉器官。我们感到这标志着研究迈出了新的一步:神经生理学研究的不单单是神经和突触的基本过程,而是作为一个整体的神经系统的机能。

我们三人觉得这个新观点值得写成一篇论文,于是就写出来发表了[①]。罗森布鲁斯博士和我预料,这篇论文只能算是一项大的实验工作计划的声明,于是我们决定,如果我们要将建立学科间研究机构的计划付诸实施,那么本课题几乎是我们这项活动的理想的中心内容。

在通信工程层面上,比奇洛先生和我都清楚,控制工程的问题和通信工程的问题是分不开的,它们不仅是电气工程技术的核心问题,而且是围绕着更基本的消息(message)概念展开的,不论这个消息是由电气、机械传输的,还是由神经系统传输的。这种消息是一种在时间分布上可测量的、离散的或连续的事件序列——准确地说,就是统计学家所谓的时间序列。对一个消息的未来进行预言是通过某种运算器在其过去消息的基础上给出的,不论这种运算是通过数学计算来实现的,还是由机械或电气设备来实现的。

---

① Rosenblueth, A., N. Wiener, and J. Bigelow, Behavior, Purpose, and Teleology, *Philosophy of Science*, **10**, 18－24 (1943).

在这方面,我们发现,我们最初设想的理想预测机制被两种具有大致对立性质的误差类型所困扰。虽然我们最初设计的预测装置可以给出一条非常平滑的预测曲线,其精度可以精确到任何期望的近似程度,但这种精度总是以越来越高的敏感性为代价来实现的。仪器对平滑波的作用越强,就越容易因对平滑的小的偏离而引起振荡,而且等待这种振荡消失所需的时间就越长。因此,要想由平滑波给出的好的预测结果,就需要有一台在调节上比用粗糙曲线给出最佳可能预测所需的更细微、更灵敏的设备,而且用于具体事例的特定装置的选择依赖于待预测现象的统计性质。这一对相互影响的误差似乎与海森伯量子力学中的位置测量量和动量测量量之间的关系有共同之处,这两个量之间的关系由他的不确定性原理来描述。

一旦我们有了清晰的认识,即最优预测问题的解只能由待预测的时间序列的统计学处理来得到,就不难明白,原来视为预测理论的困难的那种东西实际上恰是解决预测问题的一种有效工具。假设一个时间序列的统计特性已知,那么对于一个给定时间提前量的预测,我们就可以利用现有技术导出其均方差的显性表达式。有了这个公式,我们就可以将最佳预测问题转化为一个如何确定特定算符的问题。这个算符能将一个正的依赖于该算符的量减到最小。这类极小化问题属于公认的数学分支即变分法的问题,这个分支有成熟的技术。借助于这种技术,在给定了问题的统计性质的条件下,我们就能够明确得到这个预测时间序列的未来的问题的最佳解。甚至更进一步,通过可构造的装置在物理上给出这个解。

一旦我们做到了这一点,至少是为工程设计问题展现了一个全新的面貌。总的来说,工程设计一直被看成是一门艺术,而不是一门科学。通过将这类问题化简为由最小化原理来处理的问题,我们便将其置于更为科学的基础之上。我们意识到,这不是一个孤例,而是存在一个工程领域,其中类似的设计问题都可以用变分法来解决。

我们用同样的方法攻克了其他类似问题。其中就包括滤波器的设计问题。我们经常发现,消息常常会受到外界的所谓**背景噪声**的干扰。于是我们面临一个如何将算符作用到包含噪声的消息上来恢复原始消息的问题,或是恢复给定超前量条件下的信息,或是恢复由给定的延迟修正了的信息等问题。这种算符的优化设计,及其实现装置的优化设计,均取决于消息和噪声的统计性质。这种统计性质可以是单独的,也可以是联合的。由此,在波滤波器的设计过程中,我们已经将原先那种经验性的、相当偶然的做法替换为完全经过科学论证的做法。

由此,我们将通信工程设计变成了一门统计科学——统计力学的一个分支。一个多世纪以来,统计力学的概念确实已经渗透到科学的各个分支。我们看到,统计力学在现代物理学中的这种支配地位对于解释时间的本质具有非常重要的意义。而在通信工程之中,统计因素的重要性立即显现出来。信息的传递,除非以交变的方式,否则是不可能的。如果只有一个偶发事件需要发送,那么最有效和最少麻烦的做法就是不发送信息。电报和电话只有在其发送的消息以不完全由其过去决定的方式不断变化时才能发挥作用,只有当这些消息的变化符合某种统计规律时才能有效地予以设计。

为了涵盖通信工程的这一方面,我们必须开发出一种关于信息量的统计理论,其中的单位信息量就是将两个等概率事件中择取其一的决定传递出去的信息。有好几位作者同时想到了这一方法,其中包括统计学家费希尔(R. A. Fisher)、贝尔电话实验室的香农(C. E. Shannon)博士和我本人。费希尔研究这一课题的动机源于经典统计理论;香农的动机则出自信息编码问题,我的出发点则是关于电气滤波器中噪声和消息的问题。附带说一句,我在 11 这方面的思考源于俄罗斯的柯尔莫哥洛夫(A. N. Kolmogoroff)的早期工作[①],虽然我的很大一部分工作在我注意到之前被看成是俄罗斯学派的工作。

信息量的概念很自然地与统计力学中的一个经典概念——熵——联系在一起。正如一个系统的信息量是对其有序程度的度量一样,系统的熵则是对其无序程度的度量,其中一个可看成另一个的负值。这一观点使得我们对热力学第二定律有了一些考虑,并有可能对所谓的麦克斯韦妖进行研究。这些问题是在研究酶和其他催化剂的过程中独立提出的,对它们的研究对于正确理解像新陈代谢和繁殖这样的生命物质的基本现象是必不可少的。生命的第三种基本现象——应激性——则属于通信理论范畴,归入我们先前所讨论的那些概念。[②]

---

① Kolmogoroff, A. X., Interpolation und Extrapolation von stationären Zufälligen Folgen, *Bull. Acad. Set. U.S.S.R.*, Ser. Math., **5**, 3-14 (1941).

② Schrödinger, Erwin, *What is Life?*, Cambridge University Press, Cambridge, England, 1945.

因此，早在四年前，罗森布鲁斯博士和我自己的科学家小组就已经意识到，通信、控制和统计力学里的诸多问题本质上是统一的，无论是表现在机器上还是表现在活组织内。另一方面，由于关于这些问题的文献缺乏统一性，没有共同的术语，甚至该领域没有一个单独的名称，因此我们的研究受到了严重阻碍。经过深思熟虑，我们得出结论：现有的所有术语都太过于偏向一方或另一方，不足以服务于该领域未来的发展。正如科学家经常遇到的那样，我们不得不创造至少一个新的希腊名词来填补这一空白。我们决定将有关控制和通信理论的整个领域，无论是针对机器的还是针对动物的，用一个称呼——控制论(Cybernetics)——来命名。这个词来自希腊语 χυβερνήτηs 或“舵手，操舵术”。在选择这个词时，我们是想表明，有关反馈机制的第一篇重要论文是麦克斯韦在1868年发表的关于“控制器”(governor)的文章①，而 governor 一词出自对 χυβερνήτηs 的拉丁语的误用。我们还想提及一个事实，即船舶的舵机确实是最早也是发展得最完善的一种反馈机制。

12

虽然“控制论”一词的出现最早不会早于1947年夏天，但我们发现用它来描述这个领域发展的早期阶段是方便的。1942年前后，该学科的发展有几个方面的前沿。首先，1942年，罗森布鲁斯博士在纽约举行的由约西亚·梅西基金会主办的一次会议上，将比奇洛、罗森布鲁斯和维纳合写的论文里的概念在会上进行了传播，并用于研究神经系统的中枢抑制问题。与会者当中有一位来自伊利诺伊大学医学院的沃伦·麦卡洛克(Warren McCulloch)

---

① Maxwell, J. C., *Proc. Roy. Soc.* (London), **16**, 270–283, (1868).

博士。他曾与罗森布鲁斯博士和我有过接触，其研究兴趣在大脑皮质的组织性方面。

在这点上，控制论的历史上曾反复出现过一个因素——数理逻辑的影响。如果要从科学史上为控制论选择一位守护神，我会选莱布尼茨。莱布尼茨的哲学以两个密切相关的概念为核心，即普适的符号和推理演算的概念。今天的数学符号和符号逻辑就是从这两个概念演化而来的。现在，正如算术演算经历了一个由算盘、桌面计算机到现今的超高速计算机的机械化发展过程一样，莱布尼茨的**推理演算器**中也包含了**推理机器**的基因。的确，莱布尼茨本人像他的前辈帕斯卡一样，对构造金属计算机器也很感兴趣。因此一点也不奇怪，那种推动数理逻辑发展的智力冲动同时也推动着思维过程的理想化或实际的机械化。

我们可遵循的数学证明是一种可以用数量有限的符号来写成的证明。事实上，这些符号就可以引出无限的概念，这一点我们通过有限次的相加就能做到，例如在数学归纳法的情形下，我们可以证明一条仅含单个参数 n 的定理。如果该定理对 $n=0$ 成立，且对于 $n+1$ 的情形可以证明能从 n 的情形导出，那么我们就对所有正的 n 证明了该定理成立。不仅如此，我们的演绎机制的运算法则必须在数量上是有限的，尽管它们因与无限的概念有联系从而看起来不是这么回事。但这个无限本身就可以用有限项来表示。总之，有一点连像希尔伯特这样的唯名论者和外尔这样的直觉主义者都看得十分明白，那就是数理逻辑理论的发展同样受到那些限制计算机性能的因素的限制。正如我们稍后将看到的，甚至可以用这种方式来解释康托和罗素的悖论。

13

我本人曾是罗素的学生,深受他的影响。香农博士在麻省理工学院的博士论文做的就是用经典布尔代数技术来研究电气工程中的开关系统。图灵可能是研究机器逻辑作为智力实验的可行性的第一人。他在二战期间担任英国政府的电子专家,现在负责德丁顿(Teddington)国家物理实验室的一个关于现代计算机发展的项目。

另一位从数理逻辑领域转向控制论的年轻移民是沃尔特·皮兹(Walter Pitts)。他在芝加哥曾是卡尔纳普的学生,并与拉舍夫斯基(Rashevsky)教授及其生物物理学学派有过接触。顺便提一句,这个学派对引导数学家关注生物科学曾做出过巨大贡献,虽然在我们中的某些人看来他们似乎过于专注能量和势的问题,过于相信采用经典物理学的方法能够在像神经系统这样的系统研究中做出最好的工作,而这类系统远非用封闭的能量就能说明的。

皮兹先生幸运地受到了麦卡洛克的影响,两人很早就开始了关于突触将神经纤维联结成具有所有给定性质的系统单元的问题的研究。他们在不知道香农的工作的情形下,独立采用数理逻辑技术来讨论本质上属于切换的问题。他们补充了一些要素,而这些要素在香农的早期工作中作用并不突出,尽管它们的提出在某种程度上是受到图灵的下述观点的启发:用时间作为参数,网络中包含循环,并考虑到突触和其他延迟。①

1943年夏天,我遇见了波士顿市医院的莱特文(J. Lettvin)

① Turing, A. M., On Computable Numbers, with an Application to the Entscheidungsproblem, *Proceedings of the London Mathematical Society*, Ser. 2, **42**, 230-265 (1936).

博士。他对有关神经机制的研究非常感兴趣。他是皮兹先生的密友，这让我熟悉了后者的工作①。他引荐皮兹先生来到波士顿，并介绍给罗森布鲁斯博士和我。我们欢迎他加入我们的团队，皮兹先生于1943年秋来到麻省理工学院，以便和我一起工作，并增强他对控制论这门新科学研究的数学背景，这门学科当时已经诞生，但尚未正式命名。

14

当时，皮兹先生已经对数理逻辑和神经生理学有了透彻的了解，但还没有机会接触到很多工程方面的问题。特别是，他不熟悉香农博士的工作，他对电子学各种可能的成果也没有太多的经验。当我让他看了一些现代真空管的样品，并向他解释说这些器件正是用金属来实现他的神经元电路和系统模拟的理想手段时，他非常感兴趣。从那时起，我们清楚地知道，那种依赖于一连串开关器件的超高速计算机必将成为表示神经系统中出现的各种问题的理想模型。神经元放电的"有或无"特征恰好类似于二进制确定一个数字时所做的单一选择，我们中不止一个人认为，这种二进制是最令人满意的计算机设计的基础。突触不过是这样一种机制，它被用来决定来自其他选定单元的某个输出组合是否会对下一个单元的放电起到足够的刺激作用，并且它必然能够用计算机来精确地模拟。对动物记忆的性质和种类的解释问题与机器的人工记忆的问题具有可类比性。

在这段时间里，计算机建造对战争的作用已被证明比布什博

---

① McCulloch, W. S., and W. Pitts, A logical calculus of the ideas immanent in nervous activity, *Bull. Math. Biophys*, **5**, 115－133 (1943)

士曾经提出的第一个观点更为重要,而且正在几个中心给予快速推进,其所采取的思路与我早先报告中所指出的路径没有太大的区别。哈佛大学、阿伯丁试验场和宾夕法尼亚大学已经在建造机器,普林斯顿的高等研究院和麻省理工学院不久也将进入这一领域。在这个计划的执行过程中,有一个从机械装配到电气装配、从十进位到二进位、从机械接触器到继电器、从由人指示运算到编程自动运算的渐进过程。总之,每一台新机器都比以前的机器更好地证明了我送交布什博士的备忘录的正确性。对这些领域感兴趣的那些人之间不断交往。我们有机会向同行交流我们的想法,特别是哈佛的艾肯(Aiken)博士、普林斯顿高等研究院的冯·诺依曼(von Neumann)博士和宾夕法尼亚大学从事 ENIAC 和 EDVAC 机器的戈德斯坦(Goldstine)博士。无论何地,只要相遇我们便关切地倾听对方的进展,很快神经生理学家和心理学家的术语就成了工程师们的词汇。

在这一阶段,冯·诺依曼博士和我都觉得有必要举办一次由所有对我们现在所称的控制论感兴趣的同行参加的联席会议。这次会议于 1943—1944 年之间的冬末在普林斯顿召开。工程师、生理学家、数学家都有代表出席。遗憾的是罗森布鲁斯博士无法参加,因为他刚好受邀出任墨西哥国立心脏学研究所生理学实验室的主任一职,因此代表生理学家出席的是麦卡洛克博士和洛克菲勒研究所的洛伦特(Lorente de Nó)博士。艾肯博士无法前来,但戈德斯坦博士作为一群计算机设计人员的代表参加了会议。冯·诺依曼博士、皮兹先生和我都是数学家。生理学家从他们的角度就控制论问题给出了一个共同商定的报告;同样,计算机设计者也提出了他们自己的方法和目标。会议结束时，所有与会者都很清楚，不同领域的工作者之间存在一个实质上共同的思想基础，每个小组成员都已能够运用由其他小组充分发展了的概念，下一步是必须采取一些尝试来形成共同的词汇。

在此次会议之前很久，由沃伦·韦弗(Warren Weaver)博士领导的战争研究小组发表了一份文件。这份文件开始时是绝密的，后来在有限范围内公开，其中包括了比奇洛先生和我本人在预报器和波滤器方面的工作。我们发现，在现有防空火力条件下，用于曲线预测的专用仪器设计不尽合理，但其原理被证明是正确的和实用的，并且已被政府用于平滑处理以及若干领域里的相关工作。特别是，从变分法问题归纳出来的这类积分方程已然出现在波导问题和应用数学感兴趣的许多其他问题里。因此在某种程度上，到战争结束之际，美国和英国的大多数统计学家和通信工程师已经很熟悉预测理论中的和通信工程的统计方法中的许多概念了。人们也注意到了政府的这份文件(现已绝版)。许多作者，包括莱文森(D. Levinson)[1]、沃尔曼(H. Wallman)、丹尼尔(P. J. Daniell)、菲利普斯(R. S. Phillips)等，发表了相当数量的说明性论文来填补空白。我自己也有一篇写了几年的很长的数学方面的说明性论文，以便将我所做的工作永久地记录下来。但造化弄人，这篇论文一直没能及时发表。最后，在1947年春于纽约举行的美国数学学会和数理统计研究所的联合会议上，专门从与控制论密切相关的角度就随机过程问题进行了讨论。会后，我将已经写成

16

① Levinson, N., *J. Math. and Physics*, **25**, 261 - 278; 26, 110 - 110 (1947).

的手稿呈交给伊利诺伊大学的杜布(J. L. Doob)教授,文中采用的是他的符号系统,并按他的意见列入美国数学学会选编的"数学概览丛书"。到1945年夏天,我已经在麻省理工学院数学系的讲课中发展了我的一部分工作。自那以后,我过去的学生和合作者[①]李郁荣博士也已经从中国回来。1947年秋,他在麻省理工学院电气工程系开了一门课,讲述有关滤波器和类似装置设计的新方法,并计划将这些讲座材料写成一本书。同时,那份绝版的政府文件也重新印行出版。[②]

正如前述,罗森布鲁斯博士大约在1944年初回到墨西哥。1945年春,我收到了墨西哥数学学会邀请我参加于6月在瓜达拉哈拉举办的一次会议的邀请信。这个邀请是由曼努埃尔·桑多瓦尔·巴利亚塔博士领导下的科学研究与协调委员会促成的。罗森布鲁斯博士邀请我与他合作进行一些科学研究,国立心脏学研究所所长查韦斯(Ignacio Chavez)博士热情款待了我。

17 随后我在墨西哥逗留了近十周。罗森布鲁斯博士和我决定继续按我们与沃尔特·坎农博士讨论的思路研究下去。坎农也应邀来这里与罗森布鲁斯博士进行过合作,不幸的是那是他们的最后一次合作。这项工作必须与下面两方面之间的关系联系起来进行:一方面是癫痫发作期间的强直阵挛性收缩和阶段性收缩,另一方面是心脏的强直痉挛、搏动和颤动。我们认为,心肌组织是一种应激性组织,像神经组织一样可用于传导机制的研究,而且,心肌

① Lee, Y. W., *J. Math, and Physics*, **11**, 261-278 (1932).

② Wiener, N., *Extrapolation, Interpolation, and Smoothing of Stationary Time Series*, Technology Press and Wiley, New York, 1949.

纤维的吻合和交叉为我们提供了一种比神经突触问题更简单的现象。我们也非常感谢查韦斯博士,他为我提供了毫无保留的款待。虽然这个研究所从来没有限制罗森布鲁斯博士只能从事心脏研究,但我们还是很感激能有机会为它的主要目标做些工作。

我们的研究分为两个方向:二维或多维均匀传导介质中传导率和潜伏现象的研究,和传导纤维的随机传导特性的统计研究。前者让我们搞清楚了心脏扑动的理论基础,后者使我们对纤维性心颤有了某种可能的理解。我们用一篇文章[①]发表了这两方面的结果,虽然我们的初步结果表明,在这两方面还需要做相当大的努力去修订和补充。对扑动的研究后来得到了麻省理工学院的塞尔弗里奇(Oliver G. Selfridge)先生的修正,用于研究心肌网络的统计技术则被沃尔特・皮兹先生扩展到对神经元网络的处理。皮兹现在是约翰・西蒙・古根海姆基金会的特聘研究员。这项实验工作现在正由罗森布鲁斯博士在国立心脏学研究所和墨西哥陆军医学院的加西亚・拉莫斯(F. Garcia Ramos)博士的协助下继续进行。

在墨西哥数学学会的瓜达拉哈拉会议上,罗森布鲁斯博士和我报告了我们的一些结果。我们已经得出结论,我们早先的合作计划表明是可行的。我们很幸运有机会向更多的与会者展示我们的成果。1946年春天,麦卡洛克博士已经与约西亚・梅西基金会商定,在纽约举行系列专题研讨会的第一次会议来讨论有关反馈

---

① Wiener, N., and A. Rosenblueth, "The Mathematical Formulation of the Problem of Conduction of Impulses in a Network of Connected Excitable Elements, Specifically in Cardiac Muscle", *Arch. Inst. Cardiol. Mix.*, **16**, 205–265 (1946).

18 的问题。这些会议都是按梅西基金会的传统方式进行的,弗兰克·弗莱蒙特-史密斯(Frank Fremont-Smith)博士代表基金会非常高效地组织了这些会议。其做法就是组织一批规模适中(人数不超过20人)的来自各相关领域的专家,让他们聚在一起连续开两天会议,会议内容是全天交流讨论非正式发表的论文,并一起吃饭,直到他们消除了彼此间的分歧,达成统一思想为止。我们这个会议的核心成员就是1944年出席普林斯顿会议的那批人,但麦卡洛克博士和弗莱蒙特·史密斯博士正确地看出会议主题在心理学和社会学领域的影响,于是遴选了一些著名的心理学家、社会学家、人类学家与会。让心理学家参与进来的必要性在一开始就是显而易见的。研究神经系统的人不可能忘记心理的作用,研究心理的人也不可能忘记神经系统这个基础。过去的大多数心理学已被证明其实不过是关于某些特殊感觉器官的生理学。控制论引入心理学的那些思想,全都涉及与这些特殊器官密切相连的、高度分化的皮质区域的生理学和解剖学内容。从一开始我们便预料到,关于格式塔的知觉问题,或者说我们对外部世界的知觉的形成,很可能具有这种性质。不管一个正方形的位置、大小和方向如何,我们都能看出它是正方形,这里的机制是什么?共聚一堂就有这个好处,来自芝加哥大学的克吕维(H. Kluver)教授、麻省理工学院已故的库尔特·勒温(K. Lewin)博士和来自纽约的埃里克森(M. Ericsson)博士等一批心理学家,在这方面给了我们很大的帮助,同时也将我们的概念对他们的用处传播给了其他心理学家。

至于社会学和人类学,很明显,信息和沟通作为组织化机制的重要性早已超越了个体层面扩展到社会层面。例如,如果没有对其通信手段的透彻研究，我们就完全不可能了解蚂蚁的社会组织。在这件事上我们有幸得到了施奈尔拉(T. C. Schneirla)博士的帮助。关于人类社会组织的类似问题，我们得到了人类学家贝特森(G. Bateson)博士和玛格丽特·米德(Margaret Mead)博士的帮助；而高级研究所的摩根(O. Morgenstern)博士是我们在理解经济理论中的社会组织这一重要领域的顾问。顺便说一句，在他与冯·诺依曼博士合写的一本非常重要的关于博弈论的著作里，就 19 是采用与控制论的主题密切相关(但有区别)的方法，对社会组织进行了非常有趣的研究。勒温博士和其他代表就意见抽样理论和决策实践方面的新的工作做了报告，诺思拉普(F. C. S. Northrup)博士则对阐明我们的工作的哲学意义感兴趣。

这里无意罗列与会人员的完整名单。我们还将这个群扩大到包含更多的工程师和数学家，比如比奇洛和萨维奇(L. J. Savage)；更多的神经解剖学家和神经生理学家，比如冯·博宁(von Bonin)和劳埃德(D. P. C. Lloyd)等。我们在 1946 年春季举行的第一次会议的议题，主要是我们中那些出席过普林斯顿会议的人宣读他们的说教性论文，同时所有与会者对该领域的重要性做出一般性评估。这次会议的意义在于，大家都感到控制论的思想是十分重要和有趣的，有必要每隔六个月就召开一次；并且认为在下次全体会议之前，应为那些缺乏数学训练的与会者举办一个小会，用尽可能简单的语言向他们解释所涉的数学概念的本质。

1946 年夏天，我在洛克菲勒基金会的资助下，应国立心脏学研究所的盛情邀请回到墨西哥，继续与罗森布鲁斯博士之间的合作研究。这一次，我们决定直接从反馈的角度来研究神经问题，看看我们能在实验方面做些什么。我们选择猫作为实验动物,选取其股四头肌作为研究对象。我们切开肌肉的附着体,将它固定在一个已知其张力的杠杆上,然后记录其等长收缩或等张性收缩。同时我们还用一个示波器来记录肌肉本身的肌电变化。我们主要是用猫做实验,先在乙醚麻醉下将其脑干切断,[①]然后对胸段脊髓做横切。在许多情形下,还通过使用马钱子碱来增加反射反应。这时肌肉的负荷达到这样一个临界点,对它轻轻一拍就会产生周期性收缩,即生理学家所称的阵挛。我们观察这种收缩模式,将注意力集中在猫的生理状态、肌肉负荷、振荡频率、振荡的基本水平及其振幅等方面。我们试图分析这些现象,看看它们是否会表现出我们在分析一个机械或电力系统时所表现出的相同的振荡模式。例如,我们采用了麦科尔的书里所描述的伺服系统的方法。这里不是讨论我们的结果的全部意义的地方,我们现在正在重复这些实验,并准备将其结果另行出版。但下面的陈述是即使不是公认的也是非常可能的:阵挛性振荡的频率对负载条件变化的敏感性远远低于我们的预期,它更接近于由闭弧——(传出神经)→肌→(动觉端体)→(传入神经)→(中枢突触)→(传出神经)——的常数决定,而非其他因素决定。如果我们将传出神经每秒钟输出的脉冲数作为线性系统的基频,那么这个回路很难说是一个线性算子回路。但如果我们用脉冲数的对数来代替,那么这个回路就很接近线性算子回路了。这对应于这样一个事实:不是传出神

① 这种手术叫去大脑僵直术,可以使动物立即出现全身肌肉紧张加强、四肢强直、脊柱反张后挺等现象。——译者

经刺激的包络线近似正弦形状，而是其对数近似于正弦形状；而在一个具有恒定能量水平的线性振荡系统中，激励曲线的形状必然是正弦的，除了那些零概率情形外。同样，易化和抑制的概念在性质上更接近于乘法而不是加法。例如，一个完全的抑制相当于乘以零，部分抑制相当于乘以一个小量。在讨论反射弧时用到的正是这些抑制和易化的概念。[①] 此外，突触是一种符合记录器，只有在小的总和时间里输入脉冲数超过某个阈值时，传出纤维才会受到刺激。如果这个阈值与传入脉冲[②]的全部数目相比足够低，那么突触机制就会倍增其概率，甚至只有在对数系统中才可能是一种近似线性的连接。突触机制的这种近似对数的性质显然与关于感觉强度的韦伯-费希纳（Weber-Fechner）定律的近似对数性是一致的，尽管这一定律只是一阶近似。

最引人注目的一点是，在这个对数的基础上，利用单次脉冲通过神经肌肉弧的各单元传导所获得的数据，我们能够获得对阵挛性振荡的实际周期非常合理的近似。这其中利用了从事伺服系统研究的工程师们为确定被破坏的反馈系统中的不规则振荡的频率所开发的技术。我们得到的理论振荡频率约为 13.9 Hz，在所观察的各种情形下，振荡频率在 7～30 Hz 之间变化，但一般保持在 12～17 Hz 之间的一个范围内变化。在这种情况下，这种一致性是极好的。 21

阵挛频率不是我们唯一可以观察的重要现象，还有基础张力

① 见墨西哥国立心脏病研究所关于阵挛的未发表的论文。

② 原文为传入突触，已有的中文译本和更早的俄文译本均已指出这里有误，故从前译本改之。——译者

的相对缓慢的变化,以及更慢的幅度变化。这些现象决不是线性的。然而,在一阶近似下,线性振荡系统的各常量的足够缓慢的变化可以看成是无限缓慢的过程,就好像在振荡的每一阶段,系统的运动都可以看成是参数不变的运动一样。这种方法就是物理学的其他分支里所称的长期微扰方法。它可以用来研究阵挛的基础水平和振幅的问题。虽然这项工作尚未完成,但显然它不仅是可行的,而且最有希望获得成功。它带来一种强烈的暗示:尽管在阵挛期间主弧的定时性证明它是一个二神经元弧,但这种弧的脉冲放大作用在一个点上(也许多个点上)是可变的,而且这种放大的某些部分可以受到缓慢的多神经元过程的影响。这些过程在中枢神经系统中的影响力要比在主要负责阵挛时间的脊柱链里的影响力大得多。通过使用马钱子碱或麻醉药,或通过去大脑僵直术以及其他多种原因,这种可变的放大作用还会受到中枢活动总体水平的影响。

这些就是罗森布鲁斯博士和我在1946年秋季举行的梅西会议上提出的主要结果。在纽约为在更广泛的公众范围内扩大控制论的概念而举行的科学院会议上,我们再次提交了这些结果。虽然我们对取得这些结果感到高兴,并相信在这个方向的工作具有广泛的可实践性,但我们还是觉得我们合作的时间太过短暂,我们的工作是在过于仓促,没有做进一步的实验确认的情形下发表的。1947夏天和秋天,我们着手寻求这一确认——自然,这种确认也可以算是反驳。

洛克菲勒基金会已经给了罗森布鲁斯博士一笔经费,用于装备建在国立心脏学研究所的新实验室。我们觉得现在是时候联手向他们——主管物理科学部的沃伦·韦弗博士和负责医学科学部的罗伯特·莫里森博士——提出建立长期科研合作的基础,以便 22 以更从容和健康的步调来继续我们的项目的建议。对此我们得到了各自机构的热情支持。在这些协商过程中,理学院院长乔治·哈里森博士是麻省理工学院的首席代表,查韦斯博士则代表国立心脏学研究所出席。在协商过程中,有一点变得清晰,那就是联合项目的实验室中心应当设立在心脏学研究所,这样既可以避免实验设备的重复采购,又能进一步表明洛克菲勒基金会在拉丁美洲建立科学研究中心的良好意愿。最后采纳的方案是项目持续五年,在此期间我应当每两年有六个月的时间在研究所工作,罗森布鲁斯博士也将在研究所度过六个月的时间。在研究所期间,主要致力于获取和阐明有关控制论的实验数据,在离开研究所的年份里则主要从事理论研究,首先——同时也是非常困难的问题——是为希望进入这一新领域的人设计一套训练计划,确保他们既具有必要的数学、物理和工程方面的背景知识,又具备生物学、心理学和医疗技术方面的适当了解。

1947 年春,麦卡洛克博士和皮兹先生做出了一项在控制论领域极具重要性的工作。麦卡洛克博士接受了一项为盲人设计一个可以用耳朵来阅读印刷品的装置的任务。利用光电池来产生可变的音调早已为人所知,可以通过任何一种方法来实现。困难在于,无论字母的样式、大小如何变化,给出的声音却要求基本上是相同的。这显然与形式的知觉问题,即*格式塔*问题,有明确的可比性。所谓格式塔问题就是无论一个正方形的大小和方向如何变化,我们都能够一眼认出它是一个正方形。麦卡洛克博士的设计里包含了一个能够读出一组不同大小的印刷体字符的选择性诵读程序。这种选择性读取可以像扫描过程那样自动执行。这种扫描可以将一幅图像与一幅固定的但不同大小的标准图像做比较。我在一次梅西会议上就曾提出过这样一种设计。这个选择性诵读设计的示意图引起了冯·博宁博士的注意,他立即提问道,“可否将这个图看成是大脑视觉皮质的第四层?”受到这个暗示的启发,麦卡洛克博士在皮兹先生的协助下提出了一种将视觉皮质的解剖学和生理学联系起来的理论。在这一理论中,在一组变换上执行扫描操作起着重要的作用。这一理论是在1947春季举行的梅西会议上和纽约的科学院会议上提出的。最后,这个扫描过程包含一个特定的周期性时段,相当于普通电视上的所谓“扫描时间”。对于走完一周所需的连续突触链的长度所对应的这个时间,解剖学上有着不同的线索。这些线索给出的一个完整周期的时长大约为十分之一秒的量级,这正是所谓的大脑的“α节律”的大致周期。最后,根据其他证据,这个α节律被认为有着视觉上的起源,它在形态知觉过程中起着重要作用。

23

1947年春,我应邀参加了在南锡召开的一次数学会议。会议主题是讨论谐波分析里的问题。我接受了邀请。在往返途中,我在英国逗留了总共三个星期,主要是作为老朋友J.B.霍尔丹的客人。在此期间我有极好的机会去会见那些从事超高速计算机工作的人,特别是在曼彻斯特和在特丁顿国家物理实验室。其中最重要的是与特丁顿的图灵(A. M. Turing)先生交流有关控制论的基本思想。我还参观了剑桥的心理学实验室,有很好的机会来讨论巴特利特(C. F. Bartlett)及其团队正在进行的关于控制过程中的人的因素的研究。我发现,在英国人们对控制论的兴趣和在美国一样大,同样信息灵通,工程技术也很优秀,虽然受到资金投入较少的限制。我发现人们对控制论在各个方面的可行性有着很大的兴趣和理解,霍尔丹教授、利维(H. Levy)教授和伯纳尔(J. D. Bernal)教授坚定地将它视为科学和科学哲学研究上最紧迫的问题之一。但我并没有发现,在将这一学科统一起来,并将各种研究思路结合在一起等方面,这里的进展不如美国做得好。

在法国南锡召开的谐波分析会议上,许多论文以完全契合控制论的观点的方式,将统计学概念与通信工程的概念统一起来。这里我特别要提到勃朗-拉皮埃尔(M. Blanc Lapierre)和勒夫(M. Loeve)的名字。我还发现,数学家、生理学家和物理化学家对这门学科有相当大的兴趣,特别是关于它的热力学方面,因为这些方面触及生命本身的性质这一更一般的问题。事实上,我在出发之前,在波士顿就已与匈牙利裔生物化学家圣哲尔吉(A. Szent Györgyi)教授讨论过这个问题,发现他的想法和我的一样。 24

我这次的法国之行有一件事尤其值得一提。我的同事、麻省理工学院的德桑蒂拉纳(G. de Santillana)教授向我介绍了赫尔曼公司的弗里曼(M. Freymann),他希望能出版我的这本书。我特别高兴地接受他的约请。弗里曼是墨西哥人,而本书的写作,以及促成本书的大量研究,都是在墨西哥进行的。

我已提到过,梅西会议上提出的许多思想的指向之一就是通信概念和技术在社会系统中的重要性。当然,像个体一样,社会系统是一个组织,它通过通信系统结合在一起,它有自身的动力学,其中反馈性质的循环过程起着重要作用。这一点对于人类学和社会学这样的一般领域是如此，对于较为专门的经济学领域同样如此。冯·诺依曼和摩根的关于博弈论的非常重要的工作就是这一系列思想在经济学中的体现，这一点我们在前面已经提到。有鉴于此，贝特森和玛格丽特·米德两位博士都强烈感受到在这个混乱的时代研究社会和经济问题的紧迫性，他们非常希望我能够投入很大一部分精力来讨论这方面的控制论问题。

尽管我对形势的紧迫性与他们有同感，我也希望他们和其他有能力的学者能够担起研究这类问题(我将本书后面的章节中予以讨论)的重任，但我既不赞同他们认为我应该优先考虑这个领域的看法，也不赞同他们认为在这个方向上有希望取得足够的进展，并借此能够对目前的社会疾病有明显的治疗作用的观点。首先，影响社会的主要因素不只是统计性的，况且他们借以处理社会问题所依据的统计数据也太短了。将酸性转炉炼钢法出台前后的钢铁行业的经济指标罗列在一起没有太大的用处，将汽车产业和马来亚橡胶树栽培技术兴起前后的橡胶生产统计数据加以比较也没有意义。同样，将六〇六发明前后的性病发病率统计在一张表里没有什么用处，除非是用来研究这种药物的有效性。为了获得良好的社会统计数据，我们需要在**基本恒定的条件下**长期运行数据，这就像要拍出一张高分辨率的照片，我们需要一个大口径的镜头一样。透镜的有效孔径不会因增大了其名义孔径而明显增加，**除非透镜是由如此均匀的材料制成，以至于通过透镜不同部分的光的延迟符合小于若干分之一波长这一设计规定量。同样，在各种情况下，统计上长期运行带来的优势是似是而非的**。因此，人文科学并不是这种新的数学技术的一个好的试验场。它的局限性如同气体的统计力学对于处理分子涨落的局限性一样:统计力学给出的是分子群的统计性质,而我们从宏观角度忽略了的涨落性质则恰恰是研究分子运动的最感兴趣的事情。此外,在缺乏合理安全的常规数值技术的情况下,在确定社会学、人类学和经济学中某些量的估值上,专家判断的影响力是如此之大,以致一个没有经验的新手很难在这些领域有所作为。我还要顺便说一句,那些建立在小样本理论基础上的现代工具,一旦超出其自身参数所确立的具体范围而成为一种新情况下的积极的统计推断方法,我便对它失去了任何信赖,除非是一个统计学家在用它,他对应用对象的因果关系不说是了然于胸,至少也是大致清楚。

我刚才谈的是这样一个领域,在这个领域里,我对控制论的期望因想得到的数据无法得到而减退。还有其他两个领域,我最终希望能借助于控制论的思想来实现一些实际的事情,但这个希望必须有待该领域的进一步发展。其中之一是肢体失去或瘫痪后的假肢替代问题。正如我们在讨论格式塔时看到的,麦卡洛克已将通信工程的概念应用于研究失去的官能的替代问题,提出制造仪器来使盲人用耳朵阅读打印的文字。这里,麦卡洛克建议的仪器取代的不仅是眼睛的某些功能,而且是视觉皮质的功能。在假肢领域,明显有做类似事情的可能性。一段肢体的丧失不仅意味着这段肢体所具有的纯粹被动的支撑功能的缺失,或是说残余肢体失去了机械延伸的价值,其肌肉的收缩力遭受损失,而且还意味着源于这段肢体的所有皮肤和运动的感觉的丧失。前两项损失正是现在人工假肢制造者试图取代的。但到目前为止,第三项损失超出了他的范围。就简单假腿而言,下面这一点是不重要的:替代截

26

肢的棒没有自己的自由度,剩下的残肢的运动机制足以报告其自身的位置和速度。但对于借助于残余肌肉来拉动带有活动的膝关节和踝关节的假肢向前走的病人来说,情况就不同了。他无法完全掌握假肢的位置和运动,而这会干扰他踏踏实实地在不平整地面上行走的步调。其实装备具有张力传感器或压力传感器的人工关节和人工脚掌好像并没有难以逾越的困难,这些传感器通过(譬如说)振动器将电信号或其他形式的信号记录到完好的皮肤上。目前的假肢可以部分解决因截肢造成的瘫痪问题,但对因共济失调造成的问题还无能为力。采用了适当的传感器后,许多这样的共济失调问题也应当能够解决。病人将能够学会条件反射,就像我们在开车时所运用的那种条件反射,这将使他能够以更自信的步态来走路。我们关于下肢所说的这一切完全可以运用到上肢上,学过神经内科学的人都知道,拇指截肢所造成的感觉缺失甚至远远大于髋关节截肢所造成的感觉缺失。

我已经试着将这些考虑报告给有关部门,但到目前为止还没能引起多少重视。我不知道是否已经有其他人提出过同样的想法,也不知道他们是不是已经尝试过,发现在技术上不可行。如果他们还没有得到一种非常实际的考虑,那么他们在不久的将来就会得到。

现在我来谈谈另一个我认为值得注意的问题。一直以来,我很清楚,现代超高速计算机原则上是自动控制装置的一种理想的中枢神经系统;并且它的输入和输出不需要采用数字或图表形式,而很可能分别是人工感官(如光电管或温度计)的读数和电动机的运行或电磁铁的动作。借助于张力计或类似机构来读取这些运动

27

器官的表现,并将它作为一种人工的运动感觉报告(“反馈”)给中央控制系统,这样我们就已构建了一部性能十分精巧的人工机器。早在长崎轰炸和公众认识到原子弹的威力之前很早,我就意识到,我们正又一次处在社会充满巨大风险的局面下,在这个社会里,为善和作恶的力量都前所未有的大。无人管理的自动工厂和生产线已曙光初露,就看我们是否愿意全力以赴将其变成现实,就像二战期间我们在雷达技术的发展上所投入的热情和规模那样。①

我已说过,这一新的发展已揭开了为善和作恶的无限可能性。首先,正如巴特勒所设想的,它使得机器的隐喻性支配地位变成了一个最直接的和非隐喻的问题。它给人类提供了一个新的和最有效的从事劳动的机械奴隶集团。这种机械劳力具有奴隶劳力的大部分经济属性,所不同的是它不直接涉及人类残忍的不道德的影响。然而,任何接受了与奴隶劳动相竞争的条件的劳动,基本上都是奴隶劳动。这句话的关键词是竞争。让机器代替人类去从事那些琐碎的和不愉快的任务,这对人类很可能是件好事,但也可能不是。我说不好。根据市场原则,按照它们节约的资金来评估这些新的潜在劳动力资源不可能是好方法。正是这种开放市场的原则,所谓“第五自由度”,已成为由全美制造商协会和星期六晚间邮报所代表的美国人的观点的行话。我说的就是美国人的观点,因为作为美国人,我最了解它,况且商人认为市场是无国界的。

也许我可以澄清目前这种局面的历史背景。如果我说,第一次工业革命,对“黑暗的撒旦磨坊”的革命,是机械通过竞争让人类

① *Fortune*, **32**, 139－147 (October); 163－169 (November, 1945).

的手臂贬值;如果作为挖掘机的蒸汽铲使得美国使用镐和铲的劳动者所得的工资不足以维持生活的话,那么现代工业革命同样也必然会使人脑贬值,至少在人们做较简单和较常规的决定时是这样。当然,就像熟练的木匠、熟练的技工和熟练的裁缝在某种程度上能够在第一次工业革命中幸存下来一样,熟练的科学家和熟练的管理人员也能够在第二次工业革命中生存下来。但如果我们假设第二次工业革命已经完成,那么技能平平的普通人或更平庸的人将没有什么东西可以出卖,值得人们去买。

28

当然,我们的目标是要建立一个以人类价值观而不是以买卖为基础的社会。要实现这样一个社会,我们需要做大量的计划和艰苦的奋斗,如果做到最好,结果也最好,那是最理想的了,但谁知道能否实现呢? 因此,我认为我有义务将我认识到的局面和我对这个行业的理解传递给那些对劳动力市场的条件和未来感兴趣的人,也就是工会组织。我设法与产业组织协会的一两位高层人士接触。他们非常明智,并认真地听取了我的意见。但要想让这个意见传递到更高层那里,无论是我还是他们都还无能为力。在他们看来——他们的这些看法与我以前在美国和英国观察了解到的看法相同——工会和工人运动掌握在数量非常有限的一些人员手中,尽管他们在处理车间管理和有关工资和工作条件等纠纷方面训练有素,但对于思考更大范围的政治、技术、社会和经济等问题,则完全没有准备,而这些问题都涉及到劳动的存在。这其中的原因很容易看清楚:工会官员通常都是从紧张的工人生活走入紧张的行政事务的生活,他们没有任何机会来接受更广泛的管理上的培训;而对于那些在这方面训练有素的官员,工会事业通常不是那么有吸引力；而且很自然，工会也不乐意接受这样的人。

因此，我们中那些对控制论这门新科学作出过贡献的人处在一种至少可以说不是很轻松的道德立场上。我们为开创一门新科学做出了贡献。但正如我所说，它所包含的技术发展，既可能带来巨大的善，也可能带来巨大的恶。我们只能把它交到我们存在的这个世界，而这个世界也是建立起贝尔森集中营和广岛核爆的世界。我们甚至无法选择抑制这些新技术的发展。它们属于这个时代，在止恶方面我们这些人能做的，就是不把该学科的发展交到那些最不负责任的、最腐败的工程师的手上。我们所能做的就是看到广大的公众能够了解当前这方面工作的趋势和方向，并将我们的个人努力局限于生理学和心理学这些最远离战争和剥削的领域。正如我们看到的，还是有人希望，这一新领域所提供的更好地[29]了解人和社会的好处，预料能够胜过我们在集中权力方面所带来的偶然贡献（权力按其本性总是趋于集中在最肆无忌惮的人的手中）。我在 1947 年写下这些话时，我不得不说，这是一个非常渺茫的希望。

作者在此向沃尔特·皮兹先生、奥利弗·塞尔弗里奇先生、乔治·杜比先生和弗里德里克·韦伯斯特先生表达我的感激之情，感谢他们在纠正手稿错误和准备资料方面所提供的帮助。

于国立心脏学研究所

墨西哥城

1947 年 11 月

30

第1章　牛顿时间与柏格森时间

每个德国孩子都熟悉这样一首儿歌：

> “Weisst du，wieviel Sternlein stehen
> An dem blauen Himmelszelt?
> Weisst du，wieviel Wolken gehen
> Weithin über alle Welt?
> Gott，der Herr，hat sie gezählet
> Dass ihm auch nicht eines fehlet
> An der ganzen，grossen Zahl.”

W.海伊

翻译成英语就是:“你知道天堂的蓝色帐篷下有多少颗星星？你知道整个世界有多少朵彩云？主耶和华数过,数字虽大但无一遗漏。”

这首短歌是哲学家和科学史家的一个有趣的主题,因为它把两种科学学科放在了一起。这两个学科在处理我们头顶的天空时有一个相似之处,但除了这一点之外,二者在几乎所有其他方面都表现出一种极端的反差。天文学是最古老的学科，而气象学则可以说是最年轻的学科。很多世纪以前，人们就可以预测常见的天文现象，而要想准确预测明天的天气通常不容易，在许多方面气象学确实非常粗陋。

回到这首诗。第一个问题的答案是，在一定范围内，我们确实知道有多少颗星星。首先，除了一些双星和变星存在些许不确定 31 性外，每一颗星星都是一个明确的对象，非常适于清点和编目；如果一个人造的《星表》——我们这样来称呼这些目录——没能将亮度在某一星等以下的恒星包括在内的话，那么上帝的《星表》里的恒星数一定会多得多，对我们来说这种想法并不是太讨厌。

另一方面，如果你让气象学家给出一幅类似《星表》的云图，他会当面笑话你，或者耐心地解释说，在气象学的所有语汇里，根本就没有这样的词汇能够将一朵云定义为一个具有准永久身份的对象；即便是有的话，他也没东西来清点它们，事实上他根本就没兴趣来清点。一个有拓扑学知识的气象学家可能会将云定义成某个空间连通区域，其中以固态或液态形式存在的水的含量超过一定的密度值，但这个定义对任何人都没有丝毫价值，它最多代表一种非常短暂的状态。气象学家真正关心的是诸如“波士顿，1950 年 1 月 17 日：天空云量 38%，阴：卷积云”这样的一些等统计报表。

当然，天文学里有一个分支研究的是所谓的宇宙气象学：星系、星云和星团的统计学研究。例如钱德拉塞卡（S. Chandrasekhar）研究的就是这个分支。但这个分支是天文学里非常年轻的一个分支，比气象学本身更年轻，其研究内容是经典天文学传统之外的东西。传统的经典天文学除了纯粹的分类——编制《星表》——之外,最初更关心的是太阳系,而不是恒星世界。与哥白尼、开普勒、伽利略和牛顿的名字相关联的主要是太阳系天文学,这一学科也是近代物理学的乳母。

这确实是一门理想的简单科学。甚至在任何一门称得上是动力学的理论存在之前,甚至早在巴比伦时代,人们就已认识到,日食现象能够以可预见的周期规律发生,时间上向后回溯和向前延伸均可应验。人们认识到,时间本身的度量用恒星的周而复始的运动来衡量要比其他方式更好。太阳系中所有事件的运行模式都可以用一个或一系列轮子的转动来表示,无论是以本轮形式出现的托勒密理论,还是以轨道形式出现的哥白尼理论,均如此。在这些理论中,未来都是以某种方式对过去的重复。天上的音乐就是一首回文诗,天文学的书从前往后读和从后往前读是一样的。除32 了初始位置和方向外,太阳系仪的运动是顺时针转还是逆时针转,二者之间没有区别。最后,当所有这些被牛顿浓缩成一组形式化的假设和一门自圆其说的力学后,这门力学的基本定律在时间变量变换到相反方向时仍依然成立。

因此,如果我们将拍下的一系列行星运动的照片加速放映,显示出一种可感知的活动画面;将它倒着放,它所表现出的运动仍然符合牛顿力学所允许的行星可能的运行轨迹。另一方面,如果我们将拍下的积雨云云层的湍流运动的照片倒过来放,它看起来就完全不是那么一回事儿。我们会看到,原本我们预计上升的气流变成了下沉气流,湍流的纹理变得越来越粗糙,闪电不是像通常的那样出现在乌云交会之后而是在其之前,奇怪现象不一而足。

天文学与气象学之间的哪一点不同引起了所有这些差异,特别是天文现象在时间上的明显可逆性和气象学现象在时间上的明显不可逆性之间的区别？首先，气象系统是一个包含着大量大小近似相等的粒子的系统，其中一些粒子之间存在着非常紧密的耦合，而像日心说宇宙这样的天体系统却只包含了相对较少的粒子数，体积上的巨大差异和彼此间极其松散的耦合方式，使得二阶耦合效应改变不了我们观察到的天体的主要特征，而更高阶的耦合作用则可完全忽略不计。作用于行星的有限的几个力隔离分析起来要比在实验室里分析任何物理实验所涉及的力更为有利。与它们之间的距离相比，行星，甚至太阳，都可以看作近乎完美的质点。与它们所受到的弹性形变和塑性变形相比，这些行星要么非常接近于刚体，要么在并非如此的场合，其内部的力对其中心的相对运动的贡献也是相当微弱。它们的空间运动几乎完全不受物质的阻碍；就它们之间的相互吸引而言，它们的质量可以非常近似地看成全都位于各自的中心并保持不变。万有引力定律对平方反比律的偏离可以说是最小的。太阳系各个天体的位置、速度和质量在任何时候都是众所周知的，虽然在细节上计算它们在未来和过去的位置不是很容易，但在原理上是容易和精确的。另一方面，在气象学上，所涉粒子的数量是如此之大，以致根本无法准确记录它们的初始位置和速度；即使实际给出了这个记录，而且各个粒子未来的位置和速度也都计算得到了，我们拿到的也只是一堆不明所以的数据，需要彻底的重新解释才可以有用。“云”、“温度”、“湍流”等术语指的都不是单一的物理情形，而是所有可能情形的分布，其中只有一个实际情形能够实现。如果我们同时取到地球上所有气象站的读数，那么从牛顿力学的角度看，这些数据不过只是描述大气

33

实际状况所需数据的十亿分之一。它们只给出了与无穷多个不同的大气状况相一致的某些常数,通过与某种先验的假设相结合,至多能给出一组大气可能的概率分布。运用牛顿定律或任何其他因果定律系统,我们可以做出的对未来任何时刻的预测都只是这些系统常数的概率分布,甚至这种可预测性都会随着时间的增长而消失。

现在,即使是在时间完全可逆的牛顿系统中,概率和预测问题的答案也存在过去和未来不对称的特征,因为它们所回答的问题是不对称的。如果我建立一个物理实验,让系统以这样一种方式从过去来到现在:固定某些量,并合理地假设另一些量具有已知的统计分布。然后经过给定的时间后观察结果的统计分布。这不是一个可逆的过程。如果要使其逆过程成立,就必须找出系统的一个适当的分布,使系统在我们不干预的情况下能够在一定的统计限度内进行到底,并找出在给定时间以前的前提条件。然而,对于一个始于未知位置的系统来说,要演化到任何严格定义的统计范围内,其可能性是如此之小以致我们可以将它看成是个奇迹,我们不可能将实验技术建立在等待和计算奇迹的基础上。简言之,我们是由时间导向的,我们与未来的关系不同于我们与过去的关系。我们所有的问题都受到这种不对称性的制约,而我们对这些问题的回答也同样受到这种制约。

关于时间的方向性,有一个非常有趣的天文学问题,它与天体物理学里的时间有关。在天体物理学里,我们观察遥远的天体是在一次观测中完成的。就实验性质而言,这种观测似乎不是单向性的。那么为什么以地面实验观测为基础的单向性的热力学会在天体物理学中起到如此重要的作用呢？答案很有趣但不是很显然。我们对恒星的观测是通过被观测天体所发出，并被我们所接收到的光线、射线或粒子来进行的。我们能够感知入射光，但不能感知出射光，或者至少是对出射光的感知不是通过像感知入射光那样简单直接的实验来实现的。在感知入射光时，接收器是眼睛或照相底片。我们为接收这些图像所设定的条件是将它们置于一个之前隔绝一段时间的状态：我们让眼睛处于黑暗以避免之前滞留图像的干扰，我们将照相底片用黑纸封装以防止走光。显然，只有这样的眼睛和这样的底片才可为我们所用：如果我们的眼睛还留有之前的图像，我们就可能仍处于盲目状态；如果我们不是将拍摄过的底片放在黑色的纸内，并在使用之前将其显影，摄影就将成为一门非常困难的艺术。通过这种条件设置，我们可以看到那些其辐射到达我们这里的恒星和整个世界；而假如有某些恒星的演化是沿相反的方向进行，它们吸收来自整个天空的辐射，甚至吸收我们地球的辐射，那么这种吸收我们是觉察不到的，因为我们只知道自己的过去而不是未来。因此，我们所看到的那部分宇宙，就其辐射的发射而言，其过去-未来关系必然与我们自己的过去-未来关系相一致。我们看到某颗恒星这个事实意味着它的热力学过程与我们的热力学过程是一样的。

这确实是一个非常有趣的智力实验：想象有这么一种智慧生物，他的时间方向不同于我们。那么他要与我们进行交流是根本不可能的。从他的角度看，他发出的任何信号按照他的逻辑流到达我们这里，但从我们的角度看却是因果倒置的。这些先于结果的原因已经在我们的经验中，并用作我们对他的信号的自然解释，而我们并不预先假定有这样一个智慧生物发送了它。如果他给我们画了一个正方形,我们会看到,最先出现的他作画的最后几笔,整幅画似乎是这些零散的笔触的奇异的结晶——但我们总能够予以完美的解释。画的意义似乎与我们要读出群山和悬崖的面貌一样是偶然的。正方形的这种画法在我们看来犹如一场大灾难降临——确实很突然,但用自然定律是可以解释的——因为灾难过[35]后正方形将不复存在。我们的这位智慧生物对我们的看法也完全类似。**在我们能够沟通的任何一个世界里,时间的方向都是一致的**。

回到牛顿天文学与气象学之间的对比:大多数科学学科都处于中间位置,但大多数学科更接近气象学而非天文学。正如我们所看到的,甚至天文学也包含了宇宙气象学。它还包含了乔治·达尔文爵士非常感兴趣的研究领域,即所谓的潮汐演化理论。我们前面说过,我们可以将太阳与行星之间的相对运动看成刚体之间的运动,但事实并非如此。例如,地球几乎被海洋包围着。那些比地球中心更接近月球的水要比处于相同位置时地球上的固体部分(陆地)更强烈地受到月球的吸引,在地球上相对的另一面情形则正好相反。这种相对较弱的引力作用将水拉成两座小山,一座正对着月亮,另一座背对着月亮。在一个完全液态的星球上,这些山丘可以跟随着月球绕地球运行而没有很大的能量耗散,因此几乎可以精确地保持一个正对着月亮,另一个背对着月亮。当然,它们对月球也有拉动作用,但这种作用不会对月球在天空中的角位置产生很大影响。但它们在地球上产生的潮汐波却会因海岸和浅海而变得紊乱和滞后,例如在白令海和爱尔兰海就可以看到这种情形。因此潮汐的波峰总是落后于月球的位置,而产生这种滞后的力主要是一种特性上与气象学中遇到的力非常类似的湍性耗散力。这种湍性耗散力需要用统计学来处理。事实上,海洋学可以叫作水圈气象学而非大气气象学。

这些摩擦力延宕了月球绕地球的轨道运动,却加速了地球的自转。其作用使得月的长度与日的长度越来越彼此接近。事实上,月球上的一日就是一个月,月亮总是以几乎相同的一面对着地球。有人认为,这是古代潮汐演化的结果,当时月球上含有一些液体或气体或塑性材料体,它们可以在地球的引力下形成潮汐,而且这种潮汐会耗散掉大量能量。这种潮汐演化现象并不局限于地月之间,而是在某种程度上在所有的引力系统上都可以观察到。在过去的岁月里,它严重地改变了太阳系的面貌,尽管从任何一个历史时期上看,这种改变与太阳系行星的“刚体”运动相比都显得那么微不足道。

因此,即使是引力天文学也涉及使运动逐渐变缓的摩擦过程。36 没有一门科学精确符合严格意义上的牛顿力学模式。生物科学更是充分专享时间单向性现象。出生不是死亡的完全相反的过程,合成代谢(机体组织的生成过程)也不是分解代谢(机体组织的衰败过程)的反过程。细胞分裂不遵循时间上对称的模式,生殖细胞的结合形成受精卵的过程也同样如此。个体是一支指向一个时间方向的箭,种族的演化同样是从过去指向未来。

古生物学记录显示出一种明确的、从简单到复杂的长期趋势,虽然期间会有中断和反复。到上世纪中叶,这一趋势在所有抱有诚实、开放心态的科学家看来已是一个非常明确的事实。查尔斯·

达尔文(Charles Darwin)和阿尔弗雷德·华莱士(Alfred Wallace)几乎同时将发现其机制的工作向前推进了一大步,这不是偶然的。这一步是认识到:物种个体的一个纯粹偶然的变异可能或多或少都会对该物种沿一个方向或几个方向的进化产生影响,因为无论是从个体还是从种族的观点看,每一条演化路径都存在若干种活力程度不同的变异。一只没有腿的变异狗肯定会饿死,而一只已在其肋骨上进化出爬行机构的瘦长的蜥蜴有更好的生存机会,如果它有干净的线条,并且不受四肢突出的阻碍的话。水生动物,无论是鱼类、蜥蜴类还是哺乳类,如果具有纺锤形形体、肌肉强健且长出用于拍水的后附体的话,它就会游得更好;如果它要依靠快速捕食来维持生存,那么它就必须具有这种形体才能有生存机会。

达尔文的进化论就是这样一种机制,它将或多或少出于偶然的变异组合成一种相当确定的模式。达尔文的原理在今天依然适用,尽管我们对它所依赖的机制有了更好的了解。孟德尔的工作给了我们一种比达尔文的更精确且不连续的遗传学观点,而自德弗里斯(de Vries)的时代以来,突变的概念已经完全改变了我们关于突变的统计基础的概念。我们研究了染色体的精细结构并定位了它上面的基因。现代遗传学家的名字可以列出一长串而且声名卓著。其中的一些,如霍尔丹(Haldane),已经将孟德尔学说的统计研究变成一种进化研究的有效工具。

37 我们已经提到过查尔斯·达尔文的儿子乔治·达尔文爵士的潮汐演化理论。这对父子之间无论是观念上的联系还是对"演化"一词的选择,都不是偶然的。在潮汐演化理论和物种起源理论里,我们都有这样一种机制，借助于这种机制，无论是海洋潮汐波浪还是水分子，它们的随机运动的偶然变化都会通过动力学过程变成一种指向某个方向的发展模式。显然，潮汐演化理论确实是老达尔文思想在天文学上的应用。

达尔文家族的第三代——查尔斯爵士——是现代量子力学的权威之一。这一事实可能是巧合，但不管怎样，它代表了统计学观念对牛顿力学观念的进一步侵入。麦克斯韦-玻尔兹曼-吉布斯这一串名字代表了热力学到统计力学的逐步还原，即与热量和温度有关的现象被还原为这样一类现象，在这类现象里，牛顿力学不是被应用到单一的动力学系统，而是应用到诸多动力系统的统计分布上。由此得出的结论也不是针对所有这些系统，而是针对其中的绝大多数系统。大约在1900年，情况已经很明显：热力学有严重缺陷，特别是关于辐射问题的方面。正如普朗克定律所显示的，以太对高频辐射的吸收能力要比任何现有的力学化的辐射理论所允许的水平小得多。为此普朗克给出了一种准原子辐射理论——量子理论。这一理论能够令人满意地解释这些现象，但它与物理学的其余部分不一致。尼尔斯·玻尔随后也提出一种类似的特定的原子理论。由此，牛顿理论和普朗克-玻尔理论分别构成了黑格尔的矛盾概念的对立双方。二者的综合是由海森伯于1925年提出的统计理论完成的，其中吉布斯的牛顿统计力学被一种非常相似于牛顿和吉布斯在处理大尺度现象时所采用的统计力学所取代，但在海森伯的这种统计力学里，所收集的目前和过去的数据即使完备也只能以统计的性质来预测未来。因此，下述断言一点都不是言过其实：不仅是牛顿天文学，甚至牛顿物理学，都将成为种统计平均情形下的图像,因此都是对演化过程的一种叙述。

38 从牛顿的时间可逆到吉布斯的时间不可逆的这种转变在哲学上有其回响。柏格森(Henri Bergson)强调了物理学的可逆时间(其中没有任何新东西发生)与进化和生物学的不可逆时间(其中总存在新的东西)之间的差异。认识到牛顿物理学不是生物学的适当框架,这也许就是活力论与机械论之间的古老争论的中心要点,虽然这一要点在企图以这种或那种形式至少将心灵和上帝的影子保留下来以免受到唯物主义的侵蚀的动机下而变得复杂化。最后,正如我们所看到的,活力论者走过了头。他们不是在对生命的诠释和对物理学的诠释之间筑起一道壁垒,而是筑起一道围墙,其圈地之广足以将物质和生命都圈入其中。确实,新物理学中的物质已不是牛顿物理学里的物质,但它离活力论者的拟人化了的愿望还是差着十万八千里。量子理论家的机会概念绝不是奥古斯丁学派的道德自由,堤喀就像阿南刻[①]一样无情。

每个时代的思想都会体现在那个时代的技术中。古代的民事工程专家既是土地测量师,也是天文学家和航海家;17世纪到18世纪早期的那些工程师则既会制作钟表又会磨制镜片。在古代,工匠们按照天上的形象来制作他们的工具。怀表不过就是一个袖珍的太阳系仪,它必然按照天球的运行那样走时;如果摩擦和能量耗散在其中起作用,那么就需要予以克服,以便指针的运动尽可能具有周期性和规则化。在惠更斯和牛顿的世界模型建立起来之

① 堤喀(Tyche),古希腊女神之一,随意将好运或厄运分配给世人,代表"机遇";阿南刻(Ananke),古希腊掌管一切命运、宿命、定数、天数的超神。——译者

后，工程技术的主要成果就是航海时代的到来，人们第一次有可能用十分精密的方法来计算经度，并将远洋贸易从一种撞大运的冒险事业变成一种正常可期的商业行为。这是重商主义者的工程学。

制造业的发展带来了商业的繁荣，接着是计时器和蒸汽机的出现。差不多从纽科门蒸汽机的出现到现在，工程研究的中心舞台是原动机的研究。热已被转换为可利用的转动能和平动能，拉姆福德、卡诺和焦耳对牛顿物理学做了补充。热力学出现了，在这门科学里，时间是不可逆的。虽然在这门科学的早期阶段，其思想几乎与牛顿动力学没有任何联系，但能量守恒的理论和后来对卡诺原理（或称为热力学第二定律或能量劣质化原理）的统计解释，39 已使得热力学和牛顿力学融合成包含统计和非统计方面的科学。卡诺原理说的是，蒸汽机能够获得的最大效率取决于气缸和冷凝器的工作温度。

如果说 17 世纪和 18 世纪早期是钟表时代，那么 18 世纪后半叶和 19 世纪就是蒸汽机时代，当代则是通讯和控制的时代。在电气工程领域，有一个在德国称为强电流技术与弱电流技术之间的分野，我们知道，这其实就是电力工程与通信工程的区别。正是这种分野将刚刚过去的时代与我们现在生活的时代分隔开来。事实上，通信工程可以处理任何大小的电流，它控制的发动机的运动足以使大炮炮塔转动。它与电力工程的区别在于，它的主要兴趣不是能源经济，而是信号的精确再现。这个信号可能是键盘的敲击声，它会在另一端的电报接收机的拾音头上再现；它也可能是电话装置所发送和接收的声音；也可能是轮船方向盘的转向，船舵接收后改变角位置。因此,通信工程始于高斯、惠斯通和第一个报务员。在上世纪中叶第一条横跨大西洋的电缆出故障后,它在开尔文勋爵手中第一次得到了合理科学处理。自从上世纪 80 年代以来,将它提升到现代形态的也许应归功于亥维赛德(O. Heaviside)。二战中雷达的发现和使用,以及防空火力控制的需要,将一大批训练有素的数学家和物理学家吸引到这一领域。自动计算机的奇迹也同属于这一领域。在过去,这一领域的想法还从没有像现在这样受到积极的探索。

自代达罗斯(Daedalus)或亚历山大的希罗[①]以来,在技术发展的每一个阶段,工匠们模仿生物体制作器物的能力总是让人称羡不已。一直以来,这种制造和研究自动机的愿望总是借助于当代的新技术来表达。在巫术时代,我们有活泥人这种古怪和不祥的观念。这是用黏土制作的泥塑人形,布拉格的拉比用亵渎神的圣名的语言为其注入活力。在牛顿时代,自动机已变成上发条的八音盒,盒面上有一个用足尖旋转着跳舞的小雕像。到了 19 世纪,自动机升格为荣耀的热机,提供动力的是燃烧着的可燃物质而不是人体肌肉的糖原。最后,进入本世纪,自动机已可以通过光电池来开门,或引导炮火指向雷达波束搜寻到飞机的方向,或用于计算微分方程的解。

无论是古希腊的还是巫术时代的自动机,都不在现代机器发展的方向,它们似乎也没有对严肃的哲学思想产生过多少影响。

① 亚历山大的希罗(Hero of Alexandria),公元前 1 世纪生活于亚历山大港的一位数学家和工程师。——译者

而发条自动机则大不相同。这一思想在现代哲学的早期历史上发挥了非常重要的作用，尽管我们倾向于忽视它。

最初，笛卡尔将低等动物看成是自动机。这么做是为了避免对正统基督教的认识——动物没有需要拯救或诅咒的灵魂——提出质疑。至于这些活的自动机是如何工作的，据我所知，笛卡尔从未讨论过。然而，与此有关的一个重要问题，即人类的心灵（无论是感觉上还是意志上）与物质环境的耦合模式，笛卡尔是讨论过的。他认为这种耦合的场所位于大脑中的一个中间部位——松果体。至于这种耦合的性质——是否代表着心灵对物质或物质在心灵的直接作用——他并不十分清楚。他可能确实认为这两种行为都是直接作用，但是他将人类经验在作用于外部世界的有效性归因于上帝的良善和诚实。

在这件事上，将作用归因于上帝是不可靠的。如果上帝完全是被动的，那么在这种情况下，我们很难看出笛卡尔的解释真正解释了什么；如果上帝是积极的参与者，那么在这种情况下，我们很难看出他的诚实所给予的保证无非就是感觉行为的积极参与者。因此，物质现象的因果链与从上帝的行为所开始的因果链之间是平行的。在这个过程中，上帝在我们心中产生出与给定的物质状况相对应的经验。这一假设一旦成立，我们就会很自然地将我们的意志与其在外部世界所产生的影响之间的对应关系归因于类似的上帝的干预。这是偶因论者、赫林克斯和马勒伯朗士所遵循的路径。斯宾诺莎在很多方面都是这个学派的继承者，偶因论学说的假设在他那里取得了较为合理的形式，他认为心物之间的对应关系是上帝的两个独立自足属性之间的关系。但斯宾诺莎不是动 41

力论者,他很少甚至根本没有注意过这种对应关系的因果机制。

这就是从莱布尼茨开始研究时所面临的局面。但莱布尼茨是动力论者,正如斯宾诺莎具有几何学头脑一样。首先,他用单子这种对应元素的连续统替代了心与物这一对对应元素。虽然这些单子都是按照灵魂的模式来构思的,但其中包含了许多没有达到整个灵魂所具有的自我意识的程度的情形,这些情形构成了笛卡尔称之为物质的那部分世界。它们中的每一个都生活在各自封闭的宇宙中,从创生那一刻起,或是从时间的负无穷远起,到无限遥远的未来,它们都有完美的因果链。尽管它们是封闭的,但它们通过上帝预先建立的和谐而彼此对应。莱布尼茨将它们比作这样一部时钟,它一旦上紧发条就能够从创生开始永久地运行下去。它们不像人类制造的钟表,它们不会漂移到不同步;而这一点正是造物主奇迹般完美的做工所致。

因此,莱布尼茨是按照时钟模型来考虑他所构造的自动机世界的。作为惠更斯的弟子,这是很自然的。虽然单子可以相互反映,但这种反映并不构成因果链从一个转移到另一个。它们实际上是像八音盒上被动起舞的小人那样自足的,或者说比那更为独立。它们对外部世界没有实质性影响,也不能有效地感受到后者的影响。正如他所说,它们没有窗户。我们看到的世界的表观的组织是一个介于虚构和奇迹之间的东西。单子是牛顿的太阳系的缩影。

在19世纪,人们是从一个非常不同的角度来研究人造自动机和其他天然自动机(唯物主义者的动物和植物)的。能量的守恒和降质是当时的支配法则。活的生物体首先是一部热机,它将葡萄糖、糖原、淀粉、脂肪和蛋白质燃烧成二氧化碳、水和尿素。人们关注的中心是生物体的代谢平衡问题。即使有人注意到,动物肌肉的工作温度较低,同样效率下热机的工作温度却很高,这个事实也会被束之高阁,肤浅地用生物机体采用的是化学能而热机用的是热能之间的区别来解释。所有的基本概念都与能量有关,而其中最主要的是势能的概念。人体工程学是电力工程学的一个分支。即使在今天,在那些更喜欢用经典观点来看问题的保守的生理学家那里,这种观点仍然占有主导地位。我们从拉舍夫斯基(Rashevsky)及其学派这些生物物理学家的整个思想倾向上就可以见证这一点。 42

今天我们逐渐认识到,人体远非一个保守系统,它的各个组成部分是工作在这样一个环境下,其可用的能量远比我们所认为的要多得多。电子管已向我们表明,一个带外部能源的系统在执行所需的操作方面可以是一个非常有效的机构,对于在低能量水平下运行的系统尤为如此,尽管其绝大部分能量几乎都被浪费掉了。我们开始看到,神经元——我们体内神经系统的原子——就是这样一种重要的元件,它们的工作条件几乎与真空管的相同,其很少的能量消耗由外部通过循环来供给,而对于描述其功能来说最重要的记录不是对能量的记录。简言之,新的自动机研究,无论是采用金属材料还是肉体材料,都是通信工程的一个分支,其基本概念是关于消息、扰动量或"噪声"(一个从电话工程师那里借用来的量)、信息量、编码技术等等的概念。

在这种理论中,我们处理的是与外部世界存在有效耦合的自动机。这种耦合不仅是通过其能量流和新陈代谢起作用,而且还通过印象、传入消息和传出消息的动作等信息流来起作用。接收印象的感应器是人和动物感官的等价物。它们包括光电管和其他光接受器、接收自身所发射的短电磁波的雷达系统、氢离子电位记录仪(相当于味蕾)、温度计、各种压力表、麦克风等等。而效应器可以是电动机、电磁铁、加热线圈或其他不同种类的器件。在受体或感应器与效应器之间有一组起中介作用的元件,其功能是将传入的印象重新组合,以便在效应器上产生所期望的响应。馈入这个中央控制系统的信息常常包含有关执行器自身功能的信息。这些器件与人体系统的运动器官和其他本体感受器相当,因为我们也有记录关节位置或肌肉的收缩速度等等的器官。不仅如此,自动机收到的信息不必马上使用,而是可能会延迟或存放一段时间,在未来的某一时刻再调取出来使用。这是对记忆的类比。最后,只要自动机在运行,它的操作规则就会在感应器过去所接收的数据的基础上发生一些变化,这与学习过程是一样的。

43

我们现在所谈论的机器既不是感觉论者的梦想,也不是将来某个时候才能实现的希望。它们现在就已经存在,像恒温器、自动回转罗盘船舶操舵系统、自行式导弹——特别是那种自动寻的导弹、防空火力控制系统、自控式原油裂解釜、超快计算机等等,都是这样的系统。它们在战前很早之前就已经开始使用(应当说,非常古老的蒸汽机调速器也属于此类),但二战带来的巨大的机械化使它们有了今天的面貌,而控制极其危险的原子能的需要可能会使它们发展到更高的水平。现在,不到一个月就有一本有关所谓控制机制或伺服机构的新书出版。当今时代确实是伺服机构的时代,就像 19 世纪是蒸汽机时代,18 世纪是钟表时代一样。

总的来说，当代的许多自动机都是通过印象的接收和动作的完成而与外部世界联系在一起。它们包括感应器、效应器和一套用来将信息从一处传递到另一处并整合的神经系统的等价物。它们可以借用生理学的术语来很好地描述。因此用一种理论将它们纳入生理学机制几乎算不上是一个奇迹。

这些机制与时间的关系需要仔细研究。显然，输入输出关系是一种时间上有序的关系，涉及明确的过去-未来的顺序。目前可能不太清楚的是，灵敏自动机的理论是统计性质的。我们对通信工程中单一输入的机器的性能基本上不感兴趣。自动机要充分发挥作用，就必须对整个输入类做出令人满意的响应，这意味着对统计上期望接收的输入类做出统计上令人满意的响应。因此，其理论属于吉布斯统计力学而不是经典的牛顿力学。我们将在阐述通信理论的章节里详细研究这个问题。　44

因此，现代自动机像有机体一样，存在于柏格森的时间里。因此按照柏格森的考虑，我们没有理由认为生物体的基本运作模式不与这种类型的自动机一样。活力论认为自己已经赢了——甚至机械都对应于活力论的时间结构。但我们已经说过，这种胜利实则是彻底的失败，因为从任何一种与道德或宗教鲜有半点关系的观点看，新的力学一如旧力学那般机械。我们是否应该将其称为新的唯物论的观点这在很大程度上是一个叫法问题：在 19 世纪，物理学的特征就是物质概念远比当今占优势，“唯物论”基本上就是“机械论”的同义词。事实上，机械论与活力论之间的全部争论都可以看成是不适当的提法问题而抛弃掉。

第2章　群和统计力学

45　大约在本世纪初,两位科学家,一位在美国,一位在法国,沿着两条看似完全无关的思路从事研究,就好像彼此都离对方的想法非常遥远。在纽黑文,维亚尔·吉布斯(Willard Gibbs)正在发展他的新的统计力学观点。在巴黎,亨利·勒贝格(Henri Lebesgue)因发现了一种用于研究三角级数的更强大的改进型积分理论而与其导师埃米尔·博雷尔(Emile Borel)齐名。两位发现者有一点是共同的,即二者都是从事理论研究而非实验研究者,但除此之外,他们对科学的态度则大相径庭。

吉布斯虽然是个数学家,但他总是视数学为物理学的辅助工具。勒贝格则是最纯粹的分析学家,一个有能力把握非常严格的现代数学的严谨性的高手。勒贝格还是一位作家,据我所知,其著作中连一个直接源于物理学的问题或方法的例子都没有。然而,这两个人的工作却形成了一个整体,其中吉布斯提出的问题不是在他自己的著作中而是在勒贝格的著作中找到了答案。

吉布斯的核心思想是:在牛顿动力学里,依其原始形式,我们关注的是,在某个力系下,一个给定了初始速度和初始动量的单个系统是如何根据力与加速度之间的牛顿定律来变化的。然而,在绝大多数实际情形下，我们根本无法知道所有的初始速度和初始动量。如果我们假定了一个其位置和动量不完全已知的系统的某个初始分布，那么这个初始分布就完全按照牛顿的方法决定了该系统的动量和位置在未来任意时刻的分布。于是，我们就可以根 46 据这些分布来进行陈述，其中的一些陈述将具有这样的断言：系统在未来具有某些特性的概率为1，具有另一些特性的概率为零。

概率1和0是这样两个概念，它们分别表示完全确定和完全不可能两种情形，但其含义不止这些。如果我用一颗仅具点的维度的子弹去打靶，那么我击中靶上任何特定点的机会一般都是零，虽然我不是不可能射中它；但在每次的具体情形下我必然射中某个特定点的概率确实是零。因此概率为1的事件，即我击中**某个**点的事件，可以是由所有这些概率为零的点的集合组成的。

然而，吉布斯统计力学中采用了这样一种处理，尽管其运用是隐含的，而且吉布斯从没有明确地意识到，就是将一个复杂的偶然事件分解成由众多较为具体的偶然事件构成的无限序列——第一个、第二个、第三个等等——其中每一个都有各自已知的概率，于是这个较大的偶然事件的概率可以表达为这些较具体的偶然事件的无限序列的概率之和。因此，虽然我们**不可能**在所有可能的情形下通过对概率求和来获得总体事件的概率——因为任意个零的和仍为零——但只要一个总体事件能够分解成第一个、第二个、第三个等等的一系列偶然事件，其中每一项都有一个由正整数给出的确定位置，那么我们就**能够**对它们求和。

这两种情形之间的区别涉及对事件集合的性质的相当细致的考虑。吉布斯虽然是个非常有能力的数学家，但从来不是一个非常注重细节的数学家。是否可能存在这样一种无穷类,它与其他无穷类(例如正整数类)在重数上有着根本的不同?这个问题是在上个世纪末由格奥尔格·康托尔(Georg Cantor)解决的,答案是“是的”。如果我们考虑在0和1之间的所有不同的十进制小数,不论是有尽的还是无尽的,那么众所周知,它们不能按1,2,3,……的顺序来排列——虽然奇怪的是所有的**有尽**小数可以这样来排列。因此,吉布斯统计力学所要求的区分从表面上看不是不 47 可能的。勒贝格对吉布斯理论的贡献就在于他证明了,统计力学对概率为零的偶然性事件以及这些偶然性事件的概率求和所隐含的要求是可以满足的,并证明了吉布斯理论不含矛盾。

然而,勒贝格的工作并不是直接基于统计力学的需求,而是基于一种非常不同的理论——三角级数理论。这一理论可以追溯到18世纪关于波和振动的物理学,追溯到线性系统的若干组运动的一般化这一悬而未决的问题:系统的这些运动是否可以由系统的各简谐振动的合成得来?所谓简谐振动是指这样一种振动,系统对平衡的偏离可由一个可正可负但仅取决于时间而与位置无关的量乘以流逝的时间来表示。由此,单个函数可以表示为一个级数之和。该级数的系数则由待表示的函数与一个给定权重的函数的乘积的均值给出。整个理论取决于根据各项的均值给出的级数均值的属性。注意,一个在从0到A的区间里为1、在从A到1的区间里为0的量的平均值为A,并且这个均值可以看作是随机点处在从0到A的区间里的概率,如果已知该点处在0和1之间的话。换句话说,求解级数均值所需的理论非常接近于为充分讨论无穷多事件序列的复合概率所需的理论。这就是为什么勒贝格在解决了他自己的问题的同时也解决了吉布斯所面临的问题的原因。

吉布斯所讨论的具体分布本身有其自身的动力学解释。如果我们考虑一个非常一般的具有 N 个自由度的保守动力学系统，我们发现其位置坐标和速度坐标可以约化为 $2N$ 个坐标的特定集合，其中的 N 个称为广义位置坐标，另 N 个称为广义动量坐标。这些坐标确定了一个 $2N$ 维空间，并定义了一个 $2N$ 维体积。如果我们取定这个空间的某个区域，让其中的点随着时间流逝而变动，于是这种变动将每个点的 $2N$ 坐标的集合变成一个新的依赖于流逝时间的 $2N$ 坐标的集合，区域边界的连续变化不改变这个 $2N$ 维的体积。通常，由于集合的定义不像定义这些区域那么简单，因此由体积的概念产生出勒贝格类型的测度系统。在这个测度系统中，即在做变换时保持这个测度不变的保守的动力学系统中，还存在另一个其数值在保测变换下恒定的量：能量。如果系统 48 中的所有物体都只存在两两相互作用，并且对于固定位置和固定的空间取向不存在附加的力，则该系统还存在另外两个保测变换下不变的量。这两个量都是矢量：整个系统的动量和动量矩。它们不难消除，从而系统可以用自由度更少的系统来取代。

在非常特殊的系统中，可能还存在其他一些不由能量、动量和动量矩决定的量，这些量不随系统的发展而变化。然而众所周知，一个系统既存在依赖于动力学系统的初始坐标和动量的另一个不变量，又能足够正规地从属于基于勒贝格测度的积分系统，这样的系统在相当精确的意义上说是非常罕见的。[①] 在没有其他不变量

① Oxtoby, J. C, and S. M. Ulam, Measure-Preserving Homeomorphisms and Metrical Transitivity. *Ann. of Math.*, Ser. 2, **42**, 874–920 (1941).

的系统中,我们可以将对应于系统能量、动量和总动量矩的坐标固定下来,而在剩余坐标的空间中,由动量和坐标位置坐标所确定的测度本身又将确定一种子测度,正如三维空间测度将决定二维曲面族的一个二维曲面的面积一样。例如,如果将这种二维曲面族取为同心球面,并且将两个球面之间区域的总体积取为1,并按此归一化,那么在极限情形下,两个充分接近的同心球面之间的体积将给出该球面面积的测度。

因此,如果我们对一个其系统总能量、总动量和总动量矩均确定的相空间区域取新的测度,并假设系统中没有其他可测不变量。令这个限定区域的总测度为常数,或者我们可以通过改变标度使这个常数取为1。由于我们的测度是从对时间不变的测度中以时不变的方式得到的,因此它本身也是时不变的。我们称这种测度为相测度,其均值由对相空间平均得到。

然而,任何一个随时间变化的量都可以有一个时间均值。例如,如果 $f(t)$ 依赖于 t,则其过去的时间均值为

$$\lim_{T\to\infty}\frac{1}{T}\int_{-T}^{0}f(t)\,dt \tag{2.01}$$

49　其未来的时间均值为

$$\lim_{T\to\infty}\frac{1}{T}\int_{0}^{T}f(t)\,dt \tag{2.02}$$

在吉布斯的统计力学中,时间平均和空间平均都是可能的。吉布斯试图证明的一个绝妙的想法是,这两种均值在某种意义上是一样的。就这两种平均值的相关性而言,吉布斯完全正确。但他用以证明这种关系成立的方法完全不得要领。人们并没有为此责怪他。因为勒贝格积分的名声直到其去世才刚刚传到美国。过

了 15 年,它已成为博物馆里的珍品,只是在向年轻的数学家展现严谨性的必要和可能性时才用得上。像奥斯古德[1](W. F. Osgood)这样杰出的数学家,直到临终都没能触碰它。直到大约 1930 年,一群数学家——库普曼斯(T. C. Koopmans)、冯·诺依曼(von Neumann)和伯克霍夫(G. Birkhoff)等[2]——才最终建立起吉布斯统计力学的真正基础。后面,在遍历理论的研究中,我们将看到这些基础是什么。

吉布斯自己认为,在一个所有不变量都作为额外坐标而被去除的系统中,相空间中各点的几乎所有路径都经过这个空间中的所有坐标。他称这一假设为遍历性(ergodic)假设。Ergodic 一词源自希腊语单词 εργον(工作)和 ὁδός(路径)。现在,首先,正如普朗谢雷尔(M. Plancherel)和其他人已证明的,没有明显的例子表明这个假设是真的。没有可微路径能够覆盖平面上的一个区域,即使该路径有无限长。吉布斯的追随者,最后也许还包括吉布斯本人,都隐约看到了这一点,并打算用准遍历假设来取代。准遍历假设仅仅断言,在时间进程中,系统一般是无限接近地通过由已知不变量所确定的相空间区域中的每一点。要证明这一假设逻辑上并没有困难,只是它还不足以提供吉布斯所依据的结论。它没考虑到系统在每个点附近所花费的相对时间。

为了看清遍历理论的现实意义,除了平均和测度的概念——这是理解吉布斯理论最迫切需要的两个概念,这里平均是指对一

---

① 不管怎么说,奥斯古德早期的一些工作代表了迈向勒贝格积分的重要一步。

② Hopf, E., Ergodentheorie, *Ergeb. Math.*, 5, No. 2, Springer, Berlin (1937).

50 个在待测集上为1,在其他各处为0的函数的平均——外,我们还需要对不变量的概念和变换群的概念做更精确的分析。吉布斯对这些概念肯定是熟悉的,因为他对矢量分析的研究已表明了这一点。但同样可以确定的是,他对它们的哲学价值并没有充分估计。如同他的同时代人赫维赛德一样,吉布斯也是一个对物理数学的考虑常常超越了其逻辑的科学家。他们在总体上是正确的,但他们往往无法解释为什么是正确的,也不知道如何做才是对的。

一门科学存在的前提是必然存在一些并非孤立的现象。在一个由非理性的上帝统治的、他突发奇想就可以创造出一系列奇迹的世界里,我们只能迷茫被动地等待一个接一个的新的灾难的降临。在《爱丽丝漫游仙境》里的槌球场上,我们便有这样一幅世界图景。在那里,击球的木槌是火烈鸟;球则由刺猬充当,它不声不响地滚动着,滚着滚着就伸出脚自顾自地走起来;球门由扑克牌士兵担任,他们同样会发挥自主能动性,时不时地站起身来走到一边休息去了;而比赛规则则是由性情暴躁、不可预知的王后发出的法令。

游戏的有效规则或物理学的有用定律的本质就在于它们是预先就可以讲清楚的,而且适用于不止一种情形下。理想情况下,规则或定律应能够反映出所讨论的系统具有的在具体环境变化时保持不变的属性。在最简单的情形下,这一属性意味着系统存在一个在一组变换下保持不变的不变量。由此我们引入了变换、变换群和不变量等概念。

系统的变换是指系统的每个元素变成另一个元素的某种变化。太阳系在时间 t_1 和 t_2 之间所发生的迁移就是各行星的坐标集合的变换。当我们移动坐标轴的原点，或将我们的几何轴转过一个角度，由此带来的行星坐标的相似变化也是一种变换。当我们在显微镜的放大作用下检查一个制剂时，所发生的标度变化同样是一种变换。

变换 A 后接着做变换 B，其结果是另一个变换，称为 A 和 B 的乘积，或结式 BA。注意，这个积一般来说与 A 和 B 的顺序有关，因此，如果变换 A 是将坐标 x 变为坐标 y，将 y 变为 $-x$，而 z 保持不变的变换；而 B 是将 x 变为 z，将 z 变为 $-x$，而 y 保持不变的变换；那么 BA 就是将 x 变为 y，y 变为 $-z$，z 变为 $-x$ 的变换；而 AB 是将 x 变为 z，y 变为 $-x$，z 变为 $-y$ 的变换。如果 AB 和 BA 相同，我们称 A 和 B 是可交换的。 51

有时，但并非总是如此，变换 A 不仅将系统的每个元素变换成一个元素，而且具有这样的特性：系统的每个元素都是一个元素变换的结果。在此情形下，存在一个唯一的变换 A^{-1}，使得 AA^{-1} 和 $A^{-1}A$ 都是非常特殊的变换，我们称之为单位变换 I。单位变换将每一个元素变换到自身。在这种情况下，我们称 A^{-1} 为 A 的逆，显然 A 也是 A^{-1} 的逆，I 是它自己的逆，AB 的逆是 $B^{-1}A^{-1}$。

存在这样的变换集合，其中属于该集合的每个变换都有逆，这个逆同样属于该集合；属于该集合本身的任何两个变换的乘积都属于该集合。这些集合称为变换群。所有沿直线的、平面上或三维空间上的平移的集合是一个变换群。不仅如此，有一类特殊的称为阿贝尔群的变换群，其中任何两个变换之间都是可交换的。绕某一点的转动和刚体的所有空间运动所构成的集合都是非阿贝尔群。

假设我们有这样一个量,它与变换群所变换的所有元素相关联。如果群中同一个变换——不论这个变换是什么——对每个元素实施变换时这个量不变,则称该量为群不变量。这类群不变量有很多种,其中的两种对于我们要讨论的内容尤为重要。

第一个是所谓的线性不变量。令阿贝尔群所变换的各元素可由 x 表示,令 $f(x)$是这些元素的复值函数,该函数具有一定的连续性或可积性。如果 Tx 代表在变换 T 下由 x 产生的元素,且 $f(x)$是绝对值为1的函数,则有

$$f(Tx)=\alpha(T)f(x) \tag{2.03}$$

这里 $\alpha(x)$是一个仅依赖于 T 的、绝对值为1的量,我们应该说 $f(x)$是这个群的特征标。在稍稍一般的意义上,它是群的不变量。如果 $f(x)$和 $g(x)$都是群的特征标,那么显然 $f(x)g(x)$和 $[f(x)]^{-1}$ 也是。如果我们能够将定义在群上的任一函数 $h(x)$表示成群的特征标的线性组合,即它能写成如下形式:

$$h(x)=\sum A_k f_k(x) \tag{2.04}$$

52 这里 $f_k(x)$是群的特征标,$\alpha_k(T)$与群 $f_k(x)$的关系一如式(2.03)中 $\alpha(T)$与群 $f(x)$的关系,于是

$$h(Tx)=\sum A_k\alpha_k(T)f_k(x) \tag{2.05}$$

因此,如果 $h(x)$能用一组群特征标来展开,那么对于所有的 T,我们就可以根据这些群特征标来展开 $h(Tx)$。

我们看到,通过乘积和求逆,群的特征标可以生成另一些特征标。同样可以看到,常数1是一个特征标。因此,由群特征标相乘产生一个群特征标本身的变换群,它称为原始群的特征标群。

如果原始群是无限长直线上的平移群，因此算符 T 将 x 变为 $x+T$，即式(2.03)变成

$$f(x+T)=\alpha(T)f(x) \tag{2.06}$$

它对于 $f(x)=e^{i\lambda x}$，$\alpha(T)=e^{i\lambda T}$ 成立。这里群的特征标是函数 $e^{i\lambda x}$，特征标群是将 λ 变成 $\lambda+\tau$ 的平移群，因此其结构与原始群相同。当原始群是由绕一个圆转动构成的时，情况就不一样了。这时算符 T 将 x 变成 0 与 2π 之间的一个数。这个数与 $x+T$ 相差一个 2π 的整数倍。而要使式(2.06)成立，我们还需要有额外条件

$$\alpha(T+2\pi)=\alpha(T) \tag{2.07}$$

如果现在我们一如以往令 $f(x)=e^{i\lambda x}$，我们将得到

$$e^{i2\pi\lambda}=1 \tag{2.08}$$

这意味着 λ 必为整数，或正、或负、或为零。因此特征标群相当于整数的平移。另一方面，如果原始群是整数的平移群，则式(2.05)中的 x 和 T 限定取整数值，并且 $e^{i\lambda x}$ 仅包含 0 与 2π 之间的与 λ 相差 2π 整数倍的数。因此，该特征标群实质上是关于圆的转动群。

在任何特征标群中，对于给定的特征标 f，$\alpha(T)$ 的值以这样的方式分布：对于群中任何元素 S，当它们都乘以 $\alpha(S)$ 时，该分布不改变。就是说，如果存在取这些值的平均的合理的基底，由于这个均值不受这样的群变换——群中每个变换乘以其中的一个固定变换——的影响，因此要么 $\alpha(S)$ 恒等于 1，要么这个均值在乘以一个不为 1 的数后保持不变，因此该均值必为 0。由此可知：任何特征标与其共轭（它也是一个特征标）的乘积的平均值的值是 1，并且任何特征标与另一个特征标的共轭的乘积的平均值为 0。换

53

言之,如果能将 $h(x)$表示成式(2.04),我们就有

$$A_k = \text{average}[h(x)\overline{f_k(x)}] \tag{2.09}$$

对于圆上转动群的情形,这个结论直接给出:如果

$$f(x) = \sum a_n e^{inx} \tag{2.10}$$

则

$$a_n = \frac{1}{2\pi}\int_0^{2\pi} f(x)e^{-inx}dx \tag{2.11}$$

对于沿无限长直线平移的情形,其结果与下述事实有关:如果在适当意义上有

$$f(x) = \int_{-\infty}^{\infty} a(\lambda)e^{i\lambda x}d\lambda \tag{2.12}$$

那么在某种意义上有

$$a(\lambda) = \frac{1}{2\pi}\int_{-\infty}^{\infty} f(x)e^{-i\lambda x}dx \tag{2.13}$$

这里我们只是粗略地给出这些结果,没有明确说明它们的有效性条件。要想更准确地阐述这个理论,读者可参阅参考文献[①]。

除了群的线性不变量理论外,还有关于群的度量不变量的一般性理论。这些不变量都属于勒贝格测度系统,当群变换的对象与群的算符交换时,它们不发生任何变化。在这方面,我们可以引用哈尔(H. Haar)提出的有趣的群测度理论[②]。从中我们看到,每个群本身是这样一些对象的集合:这些对象对于群本身的乘法运

① Wiener, N., *The Fourier Integral and Certain of Its Applications*, The University Press, Cambridge, England, 1933; Dover Publications, Inc., N.Y.

② Haar, H., Der Massbegriff in der Theorie der Kontinuierlichen Gruppen. *Ann. of Math.*, Ser. 2, 84, 147–169 (1933).

算是可交换的。因此这种群可以有一个不变的测度。哈尔曾证明，有相当广泛一类群确实具有由群本身的结构所定义的唯一确定的不变量测度。54

变换群的度量不变量理论的最重要的应用，是证明了相平均与时间平均之间的可互换性的正当性。正如我们已经看到的那样，吉布斯在这方面的尝试是失败的。这种可互换性的基础就是所谓的遍历理论。

通常，遍历定理从系综 E 出发，我们可以将其测度取为1，它通过保测变换 T 或保测变换群 T^{λ}（其中 $-\infty<\lambda<\infty$）变换到自身，这里

$$T^{\lambda}\cdot T^{\mu}=T^{\lambda+\mu} \tag{2.14}$$

遍历理论关注的是 E 的元素 x 的复值函数 $f(x)$。在所有情形下，$f(x)$ 被认为对于 x 是可测量的，如果我们关注的是连续变换群，则 $f(T^{\lambda}x)$ 被认为对于 x 和 λ 是同时可测量的。

在库普曼和冯·诺依曼的平均遍历定理中，$f(x)$ 被认为属于 L^2 类函数，即

$$\int_E |f(x)|^2 dx<\infty \tag{2.15}$$

这条定理断言，

$$f_N(x)=\frac{1}{N+1}\sum_{n=0}^{N}f(T^n x) \tag{2.16}$$

或

$$f_A(x)=\frac{1}{A}\int_0^A f(T^{\lambda}x)d\lambda \tag{2.17}$$

在此情形下，当 $N\to\infty$ 或 $A\to\infty$ 时，它们分别收敛到极限

$f^*(x)$,即

$$\lim_{N\to\infty}\int_E |f^*(x) - f_N(x)|^2 dx = 0 \tag{2.18}$$

$$\lim_{A\to\infty}\int_E |f^*(x) - f_A(x)|^2 dx = 0 \tag{2.19}$$

而在伯克霍夫的“几乎处处”收敛的遍历定理中,$f(x)$被认为是 L 类函数,这意味着

$$\int_E |f(x)|\, dx < \infty \tag{2.20}$$

55 函数 $f_N(x)$和 $f_A(x)$分别定义如式(2.16)和(2.17)。于是这一定理陈述为,除了 x 的测度为 0 的值的集合外,

$$f^*(x) = \lim_{N\to\infty} f_N(x) \tag{2.21}$$

和

$$f^*(x) = \lim_{A\to\infty} f_A(x) \tag{2.22}$$

存在。

一种非常有趣的情形是所谓的**遍历变换**或**度量可迁变换**,其中变换 T 或变换集合 T^λ 仅对测度为 1 或 0 的点集有不变量。在这种情况下,无论对哪一种遍历定理,f^* 取值的集合都有这样的属性:f^* 在一定范围内取的值几乎总是 1 或 0。除非 f^* 几乎总是常数,否则这是不可能的。因此我们可以假定 f^* 取的值几乎总是

$$\int_0^1 f(x)\, dx \tag{2.23}$$

也就是说,在库普曼定理中,我们有均值极限

$$\lim_{N\to\infty} \frac{1}{N+1}\sum_{n=0}^{N} f(T^n x) = \int_0^1 f(x)\, dx \tag{2.24}$$

而在伯克霍夫定理中,我们有

$$\lim_{N \to \infty} \frac{1}{N+1} \sum_{n=0}^{N} f(T^n x) = \int_0^1 f(x) dx \qquad (2.25)$$

但零测度或概率为0的 x 值的集合除外。对于连续的情形，类似的结果成立。这就是吉布斯相平均和时间平均可交换的充分理由。

在变换 T 或变换群 T^λ 不是遍历的情形下，冯·诺依曼在非常一般的条件下证明了它们可以被还原成遍历性成分。也就是说，除了测度为零的 x 值的集合，E 总可以分解成类 E_n 的有限集或可数集和类 $E(y)$ 的连续统，使得对每个 E_n 和 $E(y)$ 都存在一个在 T 或 T^λ 下保持不变的测度。这些变换全是遍历性的，并且如果 $S(y)$ 是 S 与 $E(y)$ 的相交部分，S_n 是 S 与 E_n 的相交部分，则有

$$\underset{E}{\text{测度}}(S) = \int \underset{E(y)}{\text{测度}}[S(y)] dy + \sum \underset{E_n}{\text{测度}}(S_n) \qquad (2.26)$$

换言之，整个保测变换理论可以简化为遍历变换理论。　56

我们可以这么说，整个遍历理论都能够应用到比与直线上平移群同构的那些变换群更广泛的变换群上。特别是它可以应用到 n 维平移群上。在物理上重要的是三维情形。时间平衡类比到空间上即是空间均匀性。这些理论如同均匀气体、液体或固体等理论一样，依赖于三维遍历理论的应用。顺便说一下，一个三维的非遍历平移变换群看起来就像不同状态混合起来的平移集，在给定的时间里只存在这个或那个状态，而不是二者的混合。

统计力学的基本概念之一，也可以运用到经典热力学中的一个概念，是**熵**的概念。它主要是相空间中某个区域的性质，并且可以用其概率测度的对数来表示。例如，让我们考虑瓶中有 n 个粒子的动力学问题。这些粒子被分为 A 和 B 两部分。如果 A 中有

m个粒子,那么B中粒子数为$n-m$,这样我们就刻画了一个相空间区域,它有一定的概率测度。其对数就是该分布——A中有m个粒子,B中有$n-m$个粒子——的熵。该系统在大部分时间里都将处在接近最大熵的状态,也就是说,在大多数时间里,差不多有m_1个粒子在A里,$n-m_1$个粒子在B中,这种状态的组合概率为最大值。对于一个在实际可分辨的范围内由大量粒子构成、可以处于众多状态下的系统,这意味着如果我们所处的状态不是最大熵状态,那么观察系统这之后所发生的变化,就会发现它几乎总是向着熵增的状态发展。

在关于热机的一般热力学问题中,我们处理的是在大区域内(如发动机气缸)取得粗略热平衡条件下的问题。我们用于研究熵的状态既包括那些在给定温度和体积下达到最大熵的状态,也包括在给定体积和给定温度下一小部分区域达到最大熵的状态。即使是对热机的更细致的讨论,特别是讨论像涡轮机这样的其中气体膨胀要比气缸中复杂得多的热机,也并没有从根本上偏离这些条件。我们仍然可以在一种非常合理的近似下来讨论局部温度,57 尽管除非在平衡态下并采用处理平衡态的方法,否则没法精确地确定温度。但在生命物质中,我们甚至连这种粗略的同质性也很难找到。在电子显微镜下,蛋白质组织展示出非常明确和精细的结构,其生理活动肯定也具有相应的精细结构。这种细度远远超过普通温度计所给出的时空刻度的精细程度,所以普通温度计读取的活组织的温度总是其平均温度,而非真正的热力学温度。就描述活体组织内所发生的过程而言,吉布斯统计力学很可能是一个相当合适的模型;而普通热机所给出的图像显然不合适。肌肉动作的热效率几乎没什么意义,其意义肯定不是表观所显示的那种意义。

统计力学中的一个非常重要的概念是麦克斯韦妖的概念。让我们假设有这么一团气体,其中的粒子按照给定温度下统计平衡的速度分布运动。对于理想气体,这个分布是麦克斯韦分布。我们将这种气体装在一个当中有一道隔板的刚性容器里,隔板上有一个由小门构成的开口,这个小门由一个守门人来开合,守门人可以是一个拟人的妖怪,也可以是一个微型机构。当一个其速度大于平均速度的粒子从 A 室奔向小门,或一个其速度小于平均速度的粒子从 B 室奔向小门,看门人便打开门让粒子通过;但如果反过来,当粒子速度小于平均速度的粒子从 A 室奔来或速度大于平均速度的粒子从 B 室奔来,门是关闭的。这样,高速运动的粒子在 B 室越积越多,在 A 室越来越少,使得整个系统的熵明显降低;因此,如果现在将两室与一个热机相连,我们似乎就能得到一种第二类永动机。

回避麦克斯韦妖所提出的问题要比回答它简单。没有什么比否认这种存在或结构的可能性更容易的了。我们会发现,严格意义上的麦克斯韦妖不可能存在于任何平衡态系统中,但是如果我们从一开始就接受这个结论而不是试图去证明它,我们就将错过一个极好的学习关于熵和关于物理、化学和生物系统中可能的知识的机会。

对于麦克斯韦妖来说,它在行动前必须接收到有关粒子接近的速度和撞击点的信息。无论这些碰撞是否涉及能量转移,它们 58 都必然涉及妖与气体之间的耦合。我们知道,熵增加定律适用于完全孤立的系统,但不适用于系统中所包含的这种非隔离的部分。因此我们唯一关心的熵是气体-妖这个系统的熵,而不是气体本身的熵。气体熵只是更大系统的总熵中的一项。我们可以求出涉及妖的熵并给出它对总熵的贡献吗?

我们当然可以。妖只对它所收到的信息采取行动,而这个信息,正如我们将在下一章中看到的那样,就是一个负熵。信息必须通过某种物理过程来传递,譬如说通过某种形式的辐射来传递。这个信息当然可以在非常低的能量水平下传递,而且从相当长的时间尺度上看,粒子与妖之间的能量转移远远小于信息传递所需的能量。然而根据量子力学,如果我们不主动对待测粒子施加能量效应,使其能量大于用于检查的光线频率所对应的最小能量阈值,我们就不可能得到粒子的位置或动量的信息,更不用说同时得到二者了。因此,所有的耦合严格来说都涉及能量的耦合。一个处于统计平衡态的系统就是在熵和能量上都达到平衡的系统。从长远来看,麦克斯韦妖本身将服从于其环境温度所对应的随机运动,如莱布尼茨所说的单子(monad)一样,它收到大量的微小印象,直到陷入"某种晕眩",失去认知能力。事实上,这时麦克斯韦妖已不再具有其原先的功能。

尽管如此,在妖失去作用之前可能有相当长的一段时间,这个时间段可能会长到我们说妖的活跃阶段是一种亚稳态。我们没有理由认为实际上不存在亚稳态的妖。事实上,生物酶可能就是亚稳态的麦克斯韦妖,它也许不是通过将快慢粒子分开,而是通过其他某种等效过程来减少熵。我们可以用这种视角来看待生物体,如人本身。当然酶和生命组织都是亚稳态的:酶的稳态就是失去调控性，生命组织的稳态就是死亡。所有催化剂最终都会中毒：它们改变反应速率但不是真正的平衡态。然而，催化剂和人都具有足够明确的亚稳态，而且应该认定这些状态就有相对持久的性质。

59

在结束本章时我想指出，遍历理论适用的范围要比我们前面提到的更广泛。遍历理论在当代的发展是，在一组变换下保持不变的测度是由集合本身直接定义的，而不是预先假定的。我特别要指出的是克雷洛夫（Kryloff）和博戈留波夫（Bogoliouboff）的工作，以及胡雷维奇（W. Hurewicz）和日本学派的一些工作。

下一章我们讨论时间序列的统计力学。这是另一个领域，其中的条件与热机的统计力学相去遥远，因而非常适合作为生物体内所发生过程的模型。

第3章　时间序列、信息和通信

[60] 有一大类现象，其中所观察到的是数值量或数值量序列在时间上的分布。连续记录温度计所记录下的温度、股票市场的股票收盘价、气象局每天公布的一整套气象数据等等，都是时间序列。它们有的是连续的，有的是离散的，有的简单，有的属多重数据。这些时间序列的变化相对缓慢，非常适合用手算或用日常的数字处理工具（如计算尺和计算器）来处理。对它们的研究属于统计学理论中较为常规的部分。

通常想不到的是那种快变序列，例如电话线或电视线路或雷达装置中的快变的电压值序列就属于这种情形，它们同样属于统计和时间序列的研究范围，虽然用以组合和调整这些信号的设备通常必须反应非常快，事实上它们必须能够做到使结果输出与快速交变的输入**同步**。这些装置器件——电话听筒、滤波器、自动语音编码器（如贝尔实验室的声码器 Vocoder）、调频网络及其相应的接收器等等——本质上都是快速运算设备，它们相当于统计实验室里的所有计算机设备、计算表和计算员。它们在使用中所需[61]的智谋事先就已经植入其中，就像防空火炮控制系统中的自动测距仪和瞄准器，其设计也是基于同样原因。操作链必须快到根本不容许人插手。

无论是在计算实验室还是在电话线路中，所有的时间序列和处理它们的仪器都必须处理信息的记录、保存、传输和使用。这个信息是指什么呢？如何予以测量？一个最简单、最基本的信息形式就是对两个等可能性的简单的二者择一事件的选择的记录，其中的一个或另一个事件必然发生——例如，对抛出硬币的正面或背面的选择。我们将进行一次这种选择叫作一次决定。如果一个量已知处在 A 和 B 之间，且落在 A 和 B 之间任何一点的概率均先验地相等，我们要问，对其进行十分精确的测量，其中的信息量是多少？我们将看到，如果我们令 $A=0$，$B=1$，并且在二进制下用无限多个二进制数 $.a_1a_2a_3\cdots a_n\cdots$ 来表示这个量，这里 a_1，a_2，……中的每一个都有值 0 或 1，那么做出选择的次数从而信息量将是无穷大。这里

$$.a_1a_2a_3\cdots a_n\cdots=\frac{1}{2}a_1+\frac{1}{2^2}a_2+\cdots+\frac{1}{2^n}a_n+\cdots \quad (3.01)$$

然而，我们实际进行的任何测量都不可能是精确的。如果测量具有均匀分布的误差，这些误差都处于长度范围 $.b_1b_2\cdots b_n\cdots$ 内，这里 b_k 是第一个不等于 0 的数字，那么我们将看到，从 a_1 到 a_{k-1}（也可能到 a_k）做出的所有决定都是有意义的，而这之后的所有决定都是没有意义的。做出决定的数目一定接近于

$$-\log_2.b_1b_2\cdots b_n\cdots \quad (3.02)$$

我们就用这个量作为信息的量及其定义的精确公式。

我们可以用下面的方式来设想：事先已知一个介于 0 和 1 的

变量,事后[①]又知它位于(0, 1)内的区间(a, b)上。因此,我们从事后的知识中获得的信息量为

$$-\log_2 \frac{(a,b)\text{ 的测度}}{(0,1)\text{ 的测度}} \tag{3.03}$$

然而,现在让我们考虑这样一种情形:事先已知某个量处于 x 到 x 62 $+dx$ 之间的概率是 $f_1(x)dx$,事后的概率是 $f_2(x)dx$。试问这个事后概率给我们提供了多少新信息?

这个问题实质上是求曲线 $y=f_1(x)$和 $y=f_2(x)$下区域的宽度。值得注意的是,这里我们假设变量 x 具有基本的均分特性;就是说,如果用 x^3或 x 的任何其他函数来替代 x,所得结果一般不会是相同的。由于 $f_1(x)$是概率密度,因此我们有

$$\int_{-\infty}^{\infty} f_1(x)\,dx = 1 \tag{3.04}$$

因此,$f_1(x)$下该区域宽度的平均对数可看成是 $f_1(x)$的倒数的对数的高度的某种平均值。因此,与曲线 $f_1(x)$相联系的信息量的合理测度为[②]

$$\int_{-\infty}^{\infty} [\log_2 f_1(x)] f_1(x)\,dx \tag{3.05}$$

我们这里定义为信息量的这个量是类似情形下通常被定义为熵的那个量的负值。这里给出的定义与费舍尔在处理统计问题时所给出的定义不同,虽然它是一个统计定义,并能够用来代替费舍尔

---

① 原文 *a posteriori*,字面意思是“由果及因地推断”,与 *a priori*(由因及果地演绎,先验地)相对。按照前文对信息的定义,译者将前者译作“事后”,后者译作“事先”,这里“事”即指定义中的“测量”。——译者

② 此处作者援引了与冯·诺依曼私下通信的内容。

尔的统计学定义。

特别是，如果 $f_1(x)$ 在 $(a,\ b)$ 上是常数，在别处是零，则有

$$\int_{-\infty}^{\infty}[\log_2 f_1(x)]f_1(x)dx=\frac{b-a}{b-a}\log_2\frac{1}{b-a}=\log_2\frac{1}{b-a} \tag{3.06}$$

将这个量看成是一个点处于 $(a,\ b)$ 中的信息，并将它与该点处于区域 $(0,\ 1)$ 中的信息相比较，我们便得到了对这个差值的测度：

$$\log_2\frac{1}{b-a}-\log_2 1=\log_2\frac{1}{b-a} \tag{3.07}$$

我们作为信息量给出的这个定义对于变量 x 替换为二维或更高维下的变量的情形亦成立。在二维情形下，$f(x,\ y)$ 是满足下式的函数

$$\int_{-\infty}^{\infty}dx\int_{-\infty}^{\infty}dy f_1(x,y)=1 \tag{3.08}$$

63

其信息量为

$$\int_{-\infty}^{\infty}dx\int_{-\infty}^{\infty}dy f_1(x,y)\log_2 f_1(x,y) \tag{3.081}$$

注意到如果 $f_1(x,\ y)$ 有 $\phi(x)\psi(y)$ 的形式，且

$$\int_{-\infty}^{\infty}\phi(x)dx=\int_{-\infty}^{\infty}\psi(y)dy=1 \tag{3.082}$$

那么有

$$\int_{-\infty}^{\infty}dx\int_{-\infty}^{\infty}dy\phi(x)\psi(y)=1 \tag{3.083}$$

和

$$\int_{-\infty}^{\infty}dx\int_{-\infty}^{\infty}dy f_1(x,y)\log_2 f_1(x,y)$$

$$= \int_{-\infty}^{\infty} dx \phi(x) \log_2 \phi(x) + \int_{-\infty}^{\infty} dy \psi(y) \log_2 \psi(y)$$

(3.084)

即独立信源的信息量是加性的。

一个有趣的问题是如何确定一个问题中固定了一个或多个变量时所获得的信息。例如我们假设变量 u 处于 x 到 $x+\mathrm{d}x$ 之间的概率为 $\exp(-x^2/2a)\mathrm{d}x/(2\pi a)^{1/2}$,而变量 v 处于相同区间的概率为 $\exp(-x^2/2b)\mathrm{d}x/(2\pi b)^{1/2}$。那么如果我们知道 $u+v=w$,则我们由此得到的关于 u 的信息是多少?在此情形下,显然 $u=w-v$,且 w 是定值。我们假设 u 和 v 的先验分布都是独立的。于是 u 的事后分布正比于

$$\exp\left(-\frac{x^2}{2a}\right)\exp\left[-\frac{(w-x)^2}{2b}\right] = c_1\exp\left[-(x-c_2)^2\left(\frac{a+b}{2ab}\right)\right]$$

(3.09)

此处 c_1 和 c_2 都是常数。它们不出现在 w 固定时所给出的信息量公式中。

当我们知道 w 是我们事先有的某个值时,则有关 x 的信息余量为

$$\frac{1}{\sqrt{2\pi[ab/(a+b)]}}\int_{-\infty}^{\infty}\left\{\exp\left[-(x-c_2)^2\left(\frac{a+b}{2ab}\right)\right]\right\}$$

$$\times\left[-\frac{1}{2}\log_2 2\pi\left(\frac{ab}{a+b}\right)\right]-(x-c_2)^2\left[\left(\frac{a+b}{2ab}\right)\right]\log_2 e\Bigg]dx$$

$$-\frac{1}{\sqrt{2\pi a}}\int_{-\infty}^{\infty}\left[\exp\left(-\frac{x^2}{2a}\right)\right]\left(-\frac{1}{2}\log_2 2\pi a-\frac{x^2}{2a}\log_2 e\right)dx$$

$$=\frac{1}{2}\log_2\left(\frac{a+b}{b}\right) \qquad (3.091)$$

注意,这个表达式(公式 3.091)是正的,且独立于 w。它是 u 与 v 的均方和对 v 的均方的比值的对数的一半。如果 v 只在小范围内变化,则由 $u+v$ 给出的关于 u 的信息量很大,当 b 趋于零时这个信息量变得无穷大。 64

我们可以在下列情形下考虑这个结果:令 u 为消息,v 为噪声。于是,由无噪声的精确消息所传递的信息为无限大。但在存在噪声的情形下,这个信息量是有限的,并且随着噪声强度的增大而迅速趋于 0。

我们说过,信息量,作为一个我们可以视为概率的量的负的对数,本质上是负熵。有趣的是可以证明,平均而言,它具有与熵相关的属性。

令 $\phi(x)$ 和 $\psi(x)$ 是两个概率密度;于是 $[\phi(x)+\psi(x)]/2$ 也是一个概率密度。因此有

$$\int_{-\infty}^{\infty} \frac{\phi(x)+\psi(x)}{2}\log\frac{\phi(x)+\psi(x)}{2}dx$$
$$\leqslant \int_{-\infty}^{\infty} \frac{\phi(x)}{2}\log\phi(x)dx + \int_{-\infty}^{\infty} \frac{\psi(x)}{2}\log\psi(x)dx \tag{3.10}$$

它由下述关系导出:

$$\frac{a+b}{2}\log\frac{a+b}{2} \leqslant \frac{1}{2}(a\log a + b\log b) \tag{3.11}$$

换句话说,在 $\phi(x)$ 和 $\psi(x)$ 下,区域的重叠降低了原属于 $\phi(x)+\psi(x)$ 的最大信息量。另一方面,如果 $\phi(x)$ 是一个在 (a,b) 外等于零的概率密度,那么

$$\int_{-\infty}^{\infty} \phi(x)\log\phi(x)dx \tag{3.12}$$

在当 $\phi(x)$在(a, b)上为 $\phi(x)=1/(b-a)$时取极小值;在其他情形下为零。这是因为对数曲线是凸向上的缘故。

我们将看到,正如所料,信息丢失的过程与熵增过程非常相似。它们包含在原本分开的概率区域的融合中。例如,如果我们将某个变量的分布代换为该变量的函数的分布,而该变量对不同的自变量取相同的值时;或者在一个多变量函数里,我们让其中的某个变量在其自然可变范围内任意变化时,我们都会失去信息。平均而言,对消息的任何操作都不能使信息量增加。这里,我们将热力学第二定律精确应用于通信工程中。相反,正如我们所看到的,平均而言,对模糊情形较多的说明通常会增加而不是丢失信息量。

65

一个有趣的情形是,当我们有这样一个概率分布,它对变量$(x_1, x_2, \cdots, x_n)$有 n 重密度$f(x_1, x_2, \cdots, x_n)$,同时我们有 m 个独立变量 $y_1, \cdots, y_m$。通过固定这 m 个变量,我们能得到的信息量是多少?首先,令它们分别固定在区间$[y_1^*, y_1^*+dy_1^*], \cdots, [y_m^*, y_m^*+dy_m^*]$内。然后,我们取一组新的变量 $x_1, x_2, \cdots, x_{n-m}, y_1, \cdots, y_m$。于是在这组新变量下,分布函数将在由 $y_1^* \leqslant y_1 \leqslant y_1^*+dy_1^*$;…… $y_m^* \leqslant y_m \leqslant y_m^*+dy_m^*$ 构成的区域 R 上正比于$f(x_1, x_2, \cdots, x_n)$,在其外为零。因此,通过对 y 的说明,所得到的信息量为

$$\frac{\underbrace{\int dx_1 \cdots \int}_{R} dx_n f(x_1, \cdots, x_n) \log_2 f(x_1, \cdots, x_n)}{\underbrace{\int dx_1 \cdots \int}_{R} dx_n f(x_1, \cdots, x_n)}$$

$$
= \left\{ \frac{
\begin{array}{c}
-\int_{-\infty}^{\infty} dx_1 \cdots \int_{-\infty}^{\infty} dx_n f(x_1, \cdots, x_n) \log_2 f(x_1, \cdots, x_n) \\
\int_{-\infty}^{\infty} dx_1 \cdots \int_{-\infty}^{\infty} dx_{n-m} \left| J \begin{pmatrix} y_1^*, \cdots, y_m^* \\ x_{n-m+1}, \cdots, x_n \end{pmatrix} \right|^{-1} \\
\times f(x_1, \cdots, x_n) \log_2 f(x_1, \cdots, x_n)
\end{array}
}{
\int_{-\infty}^{\infty} dx_1 \cdots \int_{-\infty}^{\infty} dx_{n-m} \left| J \begin{pmatrix} y_1^*, \cdots, y_m^* \\ x_{n-m+1}, \cdots, x_n \end{pmatrix} \right|^{-1} f(x_1, \cdots, x_n)
}
- \int_{-\infty}^{\infty} dx_1 \cdots \int_{-\infty}^{\infty} dx_n f(x_1, \cdots, x_n) \log_2 f(x_1, \cdots, x_n) \right\}
\tag{3.13}
$$

与这一问题密切相关的是对式(3.13)的讨论的推广。在刚才讨论的例子中,仅与变量 $x_1, x_2, \cdots, x_{n-m}$ 有关的信息是多少? 66 这里,这些变量的先验概率密度为

$$
\int_{-\infty}^{\infty} dx_{n-m+1} \cdots \int_{-\infty}^{\infty} dx_n f(x_1, \cdots, x_n) \tag{3.14}
$$

固定 y^* 后的未归一化的概率密度为

$$
\sum \left| J \begin{pmatrix} y_1^*, \cdots, y_m^* \\ x_{n-m+1}, \cdots, x_n \end{pmatrix} \right|^{-1} f(x_1, \cdots, x_n) \tag{3.141}
$$

其中$\sum$表示对所有与给定的一组 y^* 相对应的点集$(x_{n-m+1}, \cdots, x_n)$求和。在此基础上,我们很容易写出问题的解,只是其过程过于冗长。但如果我们将点集$(x_1, \cdots, x_{n-m})$看成一种广义消息,将点集$(x_{n-m+1}, \cdots, x_n)$看成广义噪声,将 y^* 看成广义的受污染的消息,我们看到,我们已经给出了由式(3.141)所推广的问题的解。

因此,我们至少已经有了所述广义消息-噪声问题的形式解。

一组观测值可以任意方式依赖于一组已知组合分布的消息和噪声。我们希望确定的是这些观察值能够提供多少仅仅关于这些消息的信息。这是通信工程的中心问题。就信息传输的效率而言，它使我们能够对不同的系统，如振幅调制或频率调制或相位调制等系统，做出评估。这是一个技术问题，不适合在这里进行详细讨论；但不妨做些评论。首先，我们可以证明，根据这里给出的信息定义，对于频率上均匀分布(就功率而言)的随机“天电”，对于限定在一定频率范围内，且在该频域上输出功率一定的消息，没有任何信息传递手段能比振幅调制方式效率更高，虽然其他方式也可以奏效。另一方面，以这种方式传送的信息不必采取最适合耳朵或任何其他给定受体的形式。在这里，耳朵和其他受体的具体特性必须用一种与新近开发的理论非常类似的理论来考虑。一般来说，振幅调制或其他调制形式的有效运用都必须辅之以解码设备，以便足以将接收到的信息转换成适于人类受体接收或机械受体使用的形式。同样，为了能以最大压缩方式进行传输，我们必须对原始消息进行编码。在贝尔实验室设计“声码器”系统时，已经对这个问题进行(至少部分的)研究，该实验室的香农博士已经以令人非常满意的形式提出了相关的一般性理论。

67

信息测量的定义和技术就讲这些。现在我们来讨论信息以时间上均匀的形式呈现的方式。应当指出，大多数电话和其他通信设备实际上并不与某个特定的时间原点相联系。确实有一种操作似乎有悖于此，但实际上并不矛盾。这就是调制操作。依其最简单的形式，这种操作将消息$f(t)$转换成$f(t)\sin(at+b)$的形式。但如果我们将因子$\sin(at+b)$看作输入到该装置的额外消息，那么我们就会看到，这种情况可以归入前述的一般性讨论。我们称这个额外消息为**载波**，它对系统的信息传输速率并没有任何贡献。它所包含的所有信息在任意短的时间间隔内就被传递出去了，此后再无新东西。

因此，一则时间上均匀的消息，或按统计学家所称的，一个处在统计平衡态下的**时间序列**，是一个时间的单变量函数或函数集，它构成这种函数集系综中的一元，它们都具有明确的概率分布，且当时间从 t 变到 $t+\tau$ 时，该分布不变。就是说，由算符 T^{λ}——它将 $f(t)$ 变换成 $f(t+\lambda)$——组成的变换群保持系综的概率不变。这个群满足以下特性：

$$T^{\lambda}\left[T^{\mu}f(t)\right]=T^{\mu+\lambda}f(t)\quad\begin{cases}(-\infty<\lambda<\infty)\\(-\infty<\mu<\infty)\end{cases}\tag{3.15}$$

由此可见，如果 $\Phi[f(t)]$ 是 $f(t)$ 的"泛函"——即一个由 $f(t)$ 的整个历史所决定的数——且如果 $f(t)$ 对整个系综的平均值是有限的，那么我们就可以运用上一章中所引用的伯克霍夫遍历定理，并得出这样的结论：除了概率为零的 $f(t)$ 的一组值以外，$\Phi[f(t)]$ 的时间均值，或写成如下形式

$$\lim_{A\to\infty}\frac{1}{A}\int_{0}^{A}\Phi\left[f(t+\tau)\right]d\tau=\lim_{A\to\infty}\frac{1}{A}\int_{-A}^{0}\Phi\left[f(t+\tau)\right]d\tau\tag{3.16}$$

存在。

不仅如此，我们在前一章中还讲过由冯·诺依曼提出的另一条遍历性质的定理。它是说，如果一个系统在如式(3.15)的保测变换群下变换到自身，那么除了零概率元素集外，属于该系统的元 68

素都属于某个在同一变换下变换到自身的子集(它可以是全集)。这个子集既具有定义在自身上的测度,也是该变换下的不变量,而且它还具有如下进一步属性:在变换群下这个保测度子集的任何部分要么有该子集的最大测度,要么测度为0。如果我们抛却除了这个子集元素外的所有元素,并用其适当的测度,我们将会发现,在几乎所有情形下,这个时间平均值(式3.16)都是$\Phi[f(t)]$在函数$f(t)$的所有空间上的平均,即所谓的相平均。因此,在这个函数$f(t)$的系综情形下,除了那些零概率的情形,我们都可以利用时间平均替代相平均的方法,从系综的时间序列中的任何一段记录来求出系综的任一统计参数的平均值——实际上我们能够同时求得这个系综的参数的任何可数集。而且我们只需要知道这类时间序列中几乎任意一个序列的过去即可。换言之,如果一个已知属于某个统计平衡系综的时间序列的到目前为止的全部历史给定,那么我们就能以零概率误差的精度计算出该时间序列所属的统计平衡系综的整个统计参数集。到此为止,我们都是就单个变量的时间序列来讨论;但实际上,对于多重时间序列——即有多个变量同时变化而非单个变量变化的情形——上述讨论同样成立。

现在我们可以讨论同属于时间序列的各种问题了。我们将注意力集中在那些其时间序列的全部过去可由可数的几个量的集合给出的情形。例如,对于相当宽的一类函数$f(t)(-\infty<t<\infty)$,当我们已知一组量

$$a_n=\int_{-\infty}^{0}e^t t^n f(t)\,dt \qquad (n=0,1,2,\cdots) \tag{3.17}$$

我们就能完全确定 f。现在令 A 是 t 取未来值(即取大于0的值)的某个函数。于是我们就可以根据几乎任何单变量时间序列的过去值来确定(a_0, a_1, …, a_n, A)的联合分布,如果 f 的集合是在其最窄的可能意义上取的话。特别是,如果 a_0, …, a_n 全都给定,那么我们就能确定 A 的分布。这里我们要用到关于条件概率 69 的著名的尼科迪姆(O. M. Nikodym)定理。在相当一般的情形下,这条定理将确保这一分布会在 $n \to \infty$ 时趋于某个极限,这个极限将给出关于任一个未来量的分布的所有知识。类似地,如果过去已知,我们也可以确定任何一组未来量的值的联合分布,或者任何一组既取决于过去也依赖于未来的量的值的联合分布。因此,如果对于这些统计参数或统计参数组的"最佳值"我们已经给出其充分解释——多半是在均值或中位数或模数的意义上——那么我们就可以从已知分布出发来予以计算,得到一个预测,该预测满足任何所需的从优预测准则。我们可以利用这个优值的任何所需的统计基础——均方误差或最大误差或平均绝对误差等等——来计算这个预测的优值。我们可以计算有关任何统计参数或一组统计参数的信息量,只要它们的过去给定。我们甚至可以计算出某一瞬间之后的未来的全部信息量,只要该点之前的过去知识是给定的。如果我们将这个瞬间取为当下,而我们一般又总能够从过去知道未来,由此可知,我们关于当下的知识里将包含无限大的信息量。

另一个有趣的情形是关于多重时间序列的情形,在此情形下,我们只精确知道某些变量的过去。任何包含超出这些过去的量的分布都可以用与前述方法非常类似的方法来研究。特别是,我们可以期望知道另一个变量的值,或者其他变量的一组值,在过去、现在或将来的某个时间点上的分布。滤波器的一般性问题就属于这一类。我们有这样一个消息,它与噪声以某种方式混合成一则被沾染的消息,我们知道其过去。作为时间序列,我们还知道这则消息和噪声的联合统计分布。现在我们要求这个消息在给定时间、过去、现在和将来某一时刻的值的分布。这相当于要求一个作用于这则被沾染消息的过去的算符,它能在某种给定的统计意义上最佳地给出这个真实的消息。我们可以求得某种统计估计方法来对该消息的误差的某个测度进行估计。最后,我们可以求得我们所掌握的关于该消息的信息量。

70 有一种时间序列系综特别简单但又特别重要。这就是与布朗运动有关的系综。布朗运动是气态粒子的运动,一种在热搅动状态下由其他粒子的随机碰撞所驱动的运动。这一理论已为许多作者所发展,其中包括爱因斯坦、斯莫卢霍夫斯基(Smoluchowski)、佩林(Perrin)和本书作者[①]。除非我们将时间间隔的尺度取得足够小,使得粒子间的相互碰撞明显可分辨,否则这一运动将表现出一种古怪的不可微性质。在给定时间内,粒子在给定方向上位移的均方值与该段时长成正比,而在前后相续的时间间隔内,这种运动是完全不相关的。这与物理观测的结果非常吻合。如果我们将布朗运动的尺度归一化到时间尺度,且只考虑一个坐标 x 方向上的运动,并且令 $x(t)$ 在 $t=0$ 时等于 0,那么对于 $0\leqslant t_1\leqslant t_2\leqslant$

---

① Paley, R. E. A. C, and N. Wiener, "Fourier Transforms in the Complex Domain", *Colloquium Publications*, Vol. **19**, American Mathematical Society, New York, 1934, Chapter 10.

$\cdots\cdots \leqslant t_n$，粒子在时刻 t_1 处在 x_1 到 x_1+dx_1 之间，……，在时刻 t_n 处在 x_n 到 x_n+dx_n 之间的概率分别为

$$\frac{\exp\left[-\frac{x_1{}^2}{2t_1}-\frac{(x_2-x_1)^2}{2(t_2-t_1)}-\cdots-\frac{(x_n-x_{n-1})^2}{2(t_n-t_{n-1})}\right]}{\sqrt{|(2\pi)^n t_1(t_2-t_1)\cdots(t_n-t_{n-1})|}}dx_1\cdots dx_n \tag{3.18}$$

在与此相应的概率系统的基础上，这一点是明确的：我们可以建立一个路径集合，这些路径对应于不同可能的布朗运动，各路径以这样一种方式依赖于在0和1之间取值的参数 α，即每条路径是一个函数 $x(t, \alpha)$，这里 x 取决于时间 t 和分布参数 α，并且一条路径处在某个集合 S 中的概率等同于 S 中与该路径对应的 α 值的集合的测度。在此基础上，几乎所有路径都将是连续的且不可微。

一个非常有趣的问题是如何确定 $x(t_1, \alpha)$，…，$x(t_n, \alpha)$ 对 α 的平均。这个均值将是（假定有 $0\leqslant t_1\leqslant\cdots\leqslant t_n$）

$$\begin{aligned}&\int_0^1 d\alpha x(t_1,\alpha)x(t_2,\alpha)\cdots x(t_n,\alpha)\\&\quad=(2\pi)^{-n/2}\left[t_1(t_2-t_1)\cdots(t_n-t_{n-1})\right]^{-1/2}\\&\quad\times\int_{-\infty}^{\infty}d\xi_1\cdots\int_{-\infty}^{\infty}d\xi_n\xi_1\xi_2\cdots\xi_n\exp\left[-\frac{\xi_1{}^2}{2t_1}-\frac{(\xi_2-\xi_1)^2}{2(t_2-t_1)}-\cdots\right.\\&\quad\left.-\frac{(\xi_n-\xi_{n-1})^2}{2(t_n-t_{n-1})}\right]\end{aligned} \tag{3.19}$$

令 71

$$\xi_1\cdots\xi_n=\sum A_k\xi_1{}^{\lambda_{k,1}}(\xi_2-\xi_1)^{\lambda_{k,2}}\cdots(\xi_n-\xi_{n-1})^{\lambda_{k,n}} \tag{3.20}$$

这里 $\lambda_{k,1}+\lambda_{k,2}+\cdots+\lambda_{k,n}=n$。于是式(3.19)的值将变为

$$\sum A_k (2\pi)^{-n/2} \left[t_1{}^{\lambda_{k,1}} (t_2 - t_1)^{\lambda_{k,2}} \cdots (t_n - t_{n-1})^{\lambda_{k,n}} \right]^{-1/2}$$

$$\times \prod_j \int_{-\infty}^{\infty} d\xi\, \xi^{\lambda_{k,j}} \exp\left[- \frac{\xi^2}{2(t_j - t_{j-1})} \right]$$

$$= \sum A_k \prod_j \frac{1}{\sqrt{2\pi}} \int_{-\infty}^{\infty} \xi^{\lambda_{k,j}} \exp\left(- \frac{\xi^2}{2} \right) d\xi (t_j - t_{j-1})^{-1/2}$$

$$= \begin{cases} 0 \text{ 如果 } \lambda_{k,j} \text{ 为奇数} \\ \sum\limits_k A_k \prod\limits_j (\lambda_{k,j} - 1)(\lambda_{k,j} - 3) \cdots 5 \cdot 3 \cdot (t_j - t_{j-1})^{-1/2} \end{cases} \tag{3.21}$$

如果每个 $\lambda_{k,j}$ 均为偶数,则

$$= \sum_k A_k \prod_j (\text{将 } \lambda_{k,j} \text{ 个项分成对的方法数}) \times (t_j - t_{j-1})^{1/2}$$

$$= \sum_k A_k (\text{将 } n \text{ 个项按如下方式分成对的方法数:该对的两个元素都属于 } \lambda_{k,j} \text{ 个项的同一组,这里 } \lambda_{k,j} \text{ 是由 } n \text{ 划分所得。}) \times (t_j - t_{j-1})^{1/2}$$

$$= \sum_j A_j \sum \prod \int_0^1 d\alpha \left[x(t_k, \alpha) - x(t_{k-1}, \alpha) \right] \left[x(t_q, \alpha) - x(t_{q-1}, \alpha) \right]$$

这里第一个Σ对 j 求和,第二个Σ是对将 n 个项分成相应区块的所有的方法数求和(这里说的区块是指 $\lambda_{k,1}$, …, $\lambda_{k,n}$个数目分成对所对应的区块);Π 是对这样的 k 和 q 的值的对数求积:其中从 t_k和 t_q中选取的 $\lambda_{k,1}$的元素数是 t_1,$\lambda_{k,2}$的元素数是 t_2,依此类推。由此直接得到

$$\int_0^1 d\alpha\, x(t_1, \alpha) x(t_2, \alpha) \cdots x(t_n, \alpha) = \sum \prod \int_0^1 d\alpha\, x(t_j, \alpha) x(t_k, \alpha) \tag{3.22}$$

这里Σ对将 t_1, …, t_n划分成离散对的所有划分方法数求和,Π

是对每一种分划中的所有对的数目求积。换句话说，当我们知道成对的 $x(t_j, \alpha)$ 的乘积的平均值时，我们也就知道了这些量的所有多项式的平均，因此也就知道了它们的整个统计分布。

截至目前，我们考虑的都是 t 取正值的布朗运动 $x(t, \alpha)$。如果我们令

$$\begin{aligned} \xi(t,\alpha,\beta) &= x(t,\alpha) \qquad (t \geqslant 0) \\ \xi(t,\alpha,\beta) &= x(-t,\beta) \qquad (t < 0) \end{aligned} \tag{3.23}$$

其中 α 和 β 在(0, 1)上具有独立的均匀分布，我们将得到 $\xi(t,\alpha,\beta)$ 的分布，其中 t 取遍整个无限长实轴。有一种著名的数学方法可以将正方形映射到线段上，使得面积变成长度。为此我们只需将正方形中各点的坐标写成十进制形式： 72

$$\left.\begin{aligned} \alpha &= 0.\alpha_1\alpha_2\cdots\alpha_n\cdots \\ \beta &= 0.\beta_1\beta_2\cdots\beta_n\cdots \end{aligned}\right\} \tag{3.24}$$

并令

$$\gamma = 0.\alpha_1\beta_1\alpha_2\beta_2\cdots\alpha_n\beta_n\cdots$$

这样我们就得到了这类映射，其中正方形中的所有的点与线段上的点几乎是一一对应的。利用这个代换，我们定义

$$\xi(t,\gamma) = \xi(t,\alpha,\beta) \tag{3.25}$$

现在我们来定义

$$\int_{-\infty}^{\infty} K(t)\, d\xi(t,\gamma) \tag{3.26}$$

很明显，这个积分可定义为斯蒂尔切斯[①]积分，但 ξ 是 t 的非常不

---

① Stieltjes, T. J. *Annates de la Fac. des Sc. de Toulouse*, 1894, p. 165; Lebesgue, H., *Leçons sur l'Intégration*, Gauthler-Villars et Cie, Paris, 1928.

规则的函数,因此无法做出这样的定义。但如果 K 在 $\pm\infty$ 处能够足够快地趋于0,并且是充分光滑的函数,那么我们就可以合理地令

$$\int_{-\infty}^{\infty} K(t)\, d\xi(t,\gamma) = -\int_{-\infty}^{\infty} K'(t)\xi(t,\gamma)\, dt \qquad (3.27)$$

在这些条件下,形式上我们有

$$\begin{aligned}
&\int_0^1 d\gamma \int_{-\infty}^{\infty} K_1(t)\, d\xi(t,\gamma) \int_{-\infty}^{\infty} K_2(t)\, d\xi(t,\gamma) \\
&= \int_0^1 d\gamma \int_{-\infty}^{\infty} K_1{}'(t)\xi(t,\gamma)\, dt \int_{-\infty}^{\infty} K_2{}'(t)\xi(t,\gamma)\, dt \\
&= \int_{-\infty}^{\infty} K_1{}'(s)\, ds \int_{-\infty}^{\infty} K_2{}'(t)\, dt \int_0^1 \xi(s,\gamma)\xi(t,\gamma)\, d\gamma \qquad (3.28)
\end{aligned}$$

现在,如果 s 和 t 的运算符号相反,则有

$$\int_0^1 \xi(s,\gamma)\xi(t,\gamma)\, d\gamma = 0 \qquad (3.29)$$

73 而如果它们的符号相同,且有 $|s|<|t|$,则有

$$\begin{aligned}
&\int_0^1 \xi(s,\gamma)\xi(t,\gamma)\, d\gamma = \int_0^1 x(|s|,\alpha)x(|t|,\alpha)\, d\alpha \\
&= \frac{1}{2\pi\sqrt{|s|\,(|t|-|s|)}} \int_{-\infty}^{\infty} du \int_{-\infty}^{\infty} dv\; uv\, \exp\left[-\frac{u^2}{2|s|} - \frac{(v-u)^2}{2(|t|-|s|)}\right] \\
&= \frac{1}{\sqrt{2\pi |s|}} \int_{-\infty}^{\infty} u^2 \exp\left(-\frac{u^2}{2|s|}\right) du \\
&= |s| \frac{1}{\sqrt{2\pi}} \int_{-\infty}^{\infty} u^2 \exp\left(-\frac{u^2}{2}\right) du = |s| \qquad (3.30)
\end{aligned}$$

因此,

$$\int_0^1 d\gamma \int_{-\infty}^{\infty} K_1(t)\,d\xi(t,\gamma) \int_{-\infty}^{\infty} K_2(t)\,d\xi(t,\gamma)$$

$$= -\int_0^{\infty} K_1'(s)\,ds \int_0^s tK_2'(t)\,dt - \int_0^{\infty} K_2'(s)\,ds \int_0^s tK_1'(t)\,dt$$

$$+ \int_{-\infty}^{0} K_1'(s)\,ds \int_s^0 tK_2'(t)\,dt + \int_{-\infty}^{0} K_2'(s)\,ds \int_s^0 tK_1'(t)\,dt$$

$$= -\int_0^{\infty} K_1'(s)\,ds \left[sK_2(s) - \int_0^s K_2(t)\,dt \right]$$

$$- \int_0^{\infty} K_2'(s)\,ds \left[sK_1(s) - \int_0^s K_1(t)\,dt \right]$$

$$+ \int_{-\infty}^{0} K_1'(s)\,ds \left[-sK_2(s) - \int_s^0 K_2(t)\,dt \right]$$

$$+ \int_{-\infty}^{0} K_2'(s)\,ds \left[-sK_1(s) - \int_s^0 K_1(t)\,dt \right]$$

$$= -\int_{-\infty}^{\infty} s\,d\left[K_1(s)K_2(s)\right] = \int_{-\infty}^{\infty} K_1(s)K_2(s)\,ds \qquad (3.31)$$

特别是

$$\int_0^1 d\gamma \int_{-\infty}^{\infty} K(t+\tau_1)\,d\xi(t,\gamma) \int_{-\infty}^{\infty} K(t+\tau_2)\,d\xi(t,\gamma)$$

$$= \int_{-\infty}^{\infty} K(s)K(s+\tau_2-\tau_1)\,ds \qquad (3.32)$$

此外，　74

$$\int_0^1 d\gamma \prod_{k=1}^{n} \int_{-\infty}^{\infty} K(t+\tau_k)\,d\xi(t,\gamma)$$

$$= \sum \prod \int_{-\infty}^{\infty} K(s)K(s+\tau_j-\tau_k)\,ds \qquad (3.33)$$

这里求和是对将 τ_l，…，τ_n 配对的所有划分方法进行的，求积是对每个划分的对数进行的。

式

$$\int_{-\infty}^{\infty} K(t+\tau)\,d\xi(\tau,\gamma) = f(t,\gamma) \tag{3.34}$$

表示一个非常重要的时间序列的系综,其变量为 t,且依赖于分布参数 r。上述证明可陈述为:这个分布的各阶矩,从而所有的统计参数,依赖于下列函数:

$$\begin{aligned}\Phi(\tau) &= \int_{-\infty}^{\infty} K(s)K(s+\tau)\,ds \\ &= \int_{-\infty}^{\infty} K(s+t)K(s+t+\tau)\,ds \end{aligned} \tag{3.35}$$

它就是统计学家所说的延迟为 τ 的自相关函数。因此 $f(t,\gamma)$的分布的统计和 $f(t+t_1,\gamma)$的分布的统计相同;事实上我们可以证明,如果

$$f(t+t_1,\gamma) = f(t,\Gamma) \tag{3.36}$$

则 γ 到 Γ 的变换是保测变换。换句话说,我们的时间序列 $f(t,\gamma)$ 处于统计平衡态。

不仅如此,如果我们考虑平均

$$\left[\int_{-\infty}^{\infty} K(t-\tau)\,d\xi(t,\gamma)\right]^m \left[\int_{-\infty}^{\infty} K(t+\sigma-\tau)\,d\xi(t,\gamma)\right]^n \tag{3.37}$$

那么它将精确地由

$$\int_0^1 d\gamma \left[\int_{-\infty}^{\infty} K(t-\tau)\,d\xi(t,\gamma)\right]^m \int_0^1 d\gamma \left[\int_{-\infty}^{\infty} K(t+\sigma-\tau)\,d\xi(t,\gamma)\right]^n \tag{3.38}$$

里的项和作为因子包含在

$$\int_{-\infty}^{\infty} K(\sigma+\tau)K(\tau)\,d\tau \tag{3.39}$$

的幂里的有限项组成。如果当 $\sigma\to\infty$ 时式(3.39)趋于 0，那么式(3.38)将是式(3.37)在这些条件下的极限。换句话说，当 $\sigma\to\infty$ 时，$f(t,\gamma)$ 和 $f(t+t_1,\gamma)$ 的分布是渐近独立的。用更一般但完全类似的论证，我们可以证明，当 $\sigma\to\infty$ 时，$f(t_1,\gamma),\cdots,f(t_n,\gamma)$ 的和 $f(\sigma+s_1,\gamma),\cdots,f(\sigma+s_m,\gamma)$ 的联合分布趋于第一组和第二组的联合分布。换言之，任何依赖于 t 的函数 $f(t,\gamma)$ 的整个数值分布的有界可测泛函或有界可测的量——可将其写成 $\mathscr{F}[f(t,\gamma)]$ 的形式——必然有如下性质：

75

$$\lim_{\sigma\to\infty}\int_0^1 \mathscr{F}[f(t,\gamma)]\mathscr{F}[f(t+\sigma,\gamma)]\,d\gamma=\left\{\int_0^1\mathscr{F}[f(t,\gamma)]\,d\gamma\right\}^2 \tag{3.40}$$

现在如果 $\mathscr{F}[f(t,\gamma)]$ 是 t 的平移下的不变量，并且只取 0 或 1 的值，那么我们有

$$\int_0^1 \mathscr{F}[f(t,\gamma)]\,d\gamma=\int_0^1\{\mathscr{F}[f(t,\gamma)]\,d\gamma\}^2 \tag{3.41}$$

因此 $f(t,\gamma)$ 到 $f(t+\sigma,\gamma)$ 的变换群是**度量可递群**。因此如果 $\mathscr{F}[f(t,\gamma)]$ 是(作为 t 的函数的) f 的可积泛函，那么由遍历定理，对除了零测度集以外的所有 γ 的值，有

$$\begin{aligned}\int_0^1 \mathscr{F}[f(t,\gamma)]\,d\gamma&=\lim_{T\to\infty}\frac{1}{T}\int_0^T\mathscr{F}[f(t,\gamma)]\,dt\\&=\lim_{T\to\infty}\frac{1}{T}\int_{-T}^0\mathscr{F}[f(t,\gamma)]\,dt\end{aligned} \tag{3.42}$$

成立。就是说，我们几乎总是能够从时间序列系综的单个样本的过去的历史，读取该时间序列的任一统计参数，以及统计参数的任一可数集。事实上，对于这样的时间序列，当我们知道

$$\lim_{T\to\infty}\frac{1}{T}\int_{-T}^{0}f(t,\gamma)f(t-\tau,\gamma)\,dt \tag{3.43}$$

后,我们便知道几乎每一种情形下的 $\Phi(t)$,并且有关于该时间序列的全部统计知识。

一些依赖于这类时间序列的量具有相当有趣的属性。特别是,了解下属量的均值就很有趣:

$$\exp\left[i\int_{-\infty}^{\infty}K(t)\,d\xi(t,\gamma)\right] \tag{3.44}$$

76 形式上,它可以写成

$$\begin{aligned}&\int_0^1 d\gamma\sum_{n=0}^{\infty}\frac{i^n}{n!}\left[\int_{-\infty}^{\infty}K(t)\,d\xi(t,\gamma)\right]^n\\&=\sum_m\frac{(-1)^m}{(2m)!}\left\{\int_{-\infty}^{\infty}[K(t)]^2\,dt\right\}^m(2m-1)(2m-3)\cdots5\cdot3\cdot1\\&=\sum_m^{\infty}\frac{(-1)^m}{2^m m!}\left\{\int_{-\infty}^{\infty}[K(t)]^2\,dt\right\}^m\\&=\exp\left\{-\frac{1}{2}\int_{-\infty}^{\infty}[K(t)]^2\,dt\right\}\end{aligned} \tag{3.45}$$

一个非常有趣的问题是如何从简单的布朗运动序列中建立起一个尽可能一般性的时间序列。在这种结构中,做傅里叶发展的例子表明,形如式(3.44)这样的展开是一种方便的构建途径。特别是,让我们来研究如下形式的时间序列:

$$\int_a^b d\lambda\ \exp\left[i\int_{-\infty}^{\infty}K(t+\tau,\lambda)\,d\xi(\tau,\gamma)\right] \tag{3.46}$$

假定我们知道 $\xi(\tau,\gamma)$,也知道式(3.46)。于是如同式(3.45)的情形,如果 $t_1>t_2$,

$$\int_0^1 d\gamma\ \exp\{is[\xi(t_1,\gamma)-\xi(t_2,\gamma)]\}$$

$$\times \int_a^b d\lambda \ \exp\left[i\int_{-\infty}^{\infty} K(t+\tau,\lambda)d\xi(\tau,\gamma)\right]$$

$$= \int_a^b d\lambda \ \exp\left\{-\frac{1}{2}\int_{-\infty}^{\infty}[K(t+\tau,\lambda)]^2 dt\right.$$

$$\left. -\frac{s^2}{2}(t_2-t_1)-s\int_{t_2}^{t_1}K(t,\lambda)dt\right\} \qquad (3.47)$$

如果现在我们用 $\exp[s^2(t_2-t_1)/2]$ 乘以上式两边,并令 $s(t_2-t_1)=\mathrm{i}\sigma$,同时令 $t_2\to t_1$,则得到

$$\int_a^b d\lambda \ \exp\left\{-\frac{1}{2}\int_{-\infty}^{\infty}[K(t+\tau,\lambda)]^2 dt - i\sigma K(t_1,\lambda)\right\} \qquad (3.48)$$

我们取 $K(t_1, \lambda)$和新的独立变量 μ,然后解出 λ,得到

$$\lambda = Q(t_1,\mu) \qquad (3.49)$$

于是式(3.48)变成

77

$$\int_{K(t_1,a)}^{K(t_1,b)} e^{i\mu\sigma}d\mu \ \frac{\partial Q(t_1,\mu)}{\partial\mu}\exp\left(-\frac{1}{2}\int_{-\infty}^{\infty}\{K[t+\tau,Q(t_1,\mu)]\}^2 dt\right) \qquad (3.50)$$

由此,通过傅里叶变换,我们可以确定

$$\frac{\partial Q(t_1,\mu)}{\partial\mu}\exp\left(-\frac{1}{2}\int_{-\infty}^{\infty}\{K[t+\tau,Q(t_1,\mu)]\}^2 dt\right) \qquad (3.51)$$

作为 μ 的函数,此时 μ 处于$K(t_1, a)$与 $K(t_1, b)$之间。如果我们求该函数对 μ 的积分,则得

$$\int_a^{\lambda} d\lambda \ \exp\left\{-\frac{1}{2}\int_{-\infty}^{\infty}[K(t+\tau,\lambda)]^2 dt\right\} \qquad (3.52)$$

它是 $K(t_1, \lambda)$和 t_1的函数。即存在一个已知函数 $F(u, v)$,

使得

$$\int_{a}^{\lambda} d\lambda\ \exp\left\{-\frac{1}{2}\int_{-\infty}^{\infty}[K(t+\tau,\lambda)]^{2}dt\right\}=F[K(t_{1},\lambda),t_{1}] \tag{3.53}$$

由于上式左边不依赖于 t_1,因此我们可以将它写成 $G(\lambda)$,并令

$$F[K(t_{1},\lambda),t_{1}]=G(\lambda) \tag{3.54}$$

这里 F 是已知函数,我们可以求出它关于第一个自变量的反函数,并令

$$K(t_{1},\lambda)=H[G(\lambda),t_{1}] \tag{3.55}$$

它也是一个已知函数,于是

$$G(\lambda)=\int_{a}^{\lambda} d\lambda\ \exp\left(-\frac{1}{2}\int_{-\infty}^{\infty}\{H[G(\lambda),t+\tau]\}^{2}dt\right) \tag{3.56}$$

于是函数

$$\exp\left\{-\frac{1}{2}\int_{-\infty}^{\infty}[H(u,t)]^{2}dt\right\}=R(u) \tag{3.57}$$

是一个已知函数。并且

$$\frac{dG}{d\lambda}=R(G) \tag{3.58}$$

即

$$\frac{dG}{R(G)}=d\lambda \tag{3.59}$$

78 或

$$\lambda=\int\frac{dG}{R(G)}+\text{常数}=S(G)+\text{常数} \tag{3.60}$$

这个常数由下式给出

$$G(a)=0 \tag{3.61}$$

或

$$a=S(0)+\text{常数} \tag{3.62}$$

容易看出，如果 a 是有限的，那么它取什么值都无所谓，因为在所有的 λ 的值上加上一个常数并不改变什么。因此我们可以取该常数为 0。由此我们确定了作为 G 的函数的λ，因此 G 也是λ 的函数。这样，由式(3.55)，我们确定了 $K(t,\ \lambda)$。为了确定式(3.46)，我们只需要知道 b。而这一点通过比较下列两式即可做到：

$$\int_a^b d\lambda\ \exp\left\{-\frac{1}{2}\int_{-\infty}^{\infty}[K(t,\lambda)]^2\,dt\right\} \tag{3.63}$$

和

$$\int_0^1 d\gamma\int_a^b d\lambda\ \exp\left[i\int_{-\infty}^{\infty}K(t,\lambda)\,d\xi(t,\gamma)\right] \tag{3.64}$$

因此，在某些有待明确定义的情况下，如果一个时间序列可以是写成式(3.46)的形式，同时我们还知道 $\xi(t,\ \gamma)$，我们就可以确定式(3.46)中的函数 $K(t,\ \lambda)$和数字 a 和 b，除了一个可加到 a，λ 和 b 上的待定常数外。即使当 $b=+\infty$ 时也不会有额外的困难，而且我们不难将这一推理扩展到 $a=-\infty$ 的情形。当然，对于反函数不是单值的情形，以及有关展开的一般条件，还有大量的工作需要做。不过，至少我们已经在解决将一大类时间序列约化为一种正则形式的问题上迈出了第一步，而这一点，正如本章前面所述，对于预测理论和信息测量理论的应用的具体形式是最重要的。

对上述时间序列理论的这种处理还需要去除一个明显的限定条件。这个限定条件是：我们必须已知 $\xi(t,\ \gamma)$，而且时间序列

79 必须能展开成式(3.46)的形式。问题是:在什么情况下,我们可以将一个已知其统计参数的时间序列表示成由布朗运动决定的时间序列?或者至少是在某种程度上将其表示成由布朗运动决定的时间序列的极限?我们将仅限于讨论那种具有度量可递性的时间序列,以及具有如下更强属性的时间序列:如果我们将时间间隔固定但时长很大,那么在这些区间上,任何时间序列片段的泛函的分布随着这些间隔的彼此退行而趋于独立。[1] 这里所发展的理论由作者概述一下。

如果 $K(t)$ 是一个充分连续的函数,则由卡茨(M. Kac)定理可以证明,

$$\int_{-\infty}^{\infty} K(t+\tau)\, d\xi(\tau,\gamma) \tag{3.65}$$

的零点几乎总有确定的密度,且这个密度可通过对 K 的适当选取做到任意大。令 K_D 为如此选定的 K,其对应的密度为 D。于是 $\int_{-\infty}^{\infty} K_D(t+\tau)\, d\xi(\tau,\gamma)$ 从 $-\infty$ 到 ∞ 的零点序列可写成 $Z_n(D,\gamma)$, $-\infty<n<\infty$。当然,在这些零点的计数中,n 是定值,除了相差一个加性常整数。

现在,令 $T(t,\mu)$ 是连续变量 t 的任一时间序列,其中 μ 是该时间序列的在 $(0,1)$ 上均匀变化的分布参数,并令

$$T_D(t,\mu,\gamma) = T[t - Z_n(D,\gamma),\mu] \tag{3.66}$$

其中 Z_n 是恰早于 t 的一个零点。可以看出,对于 t 值 $t_1, t_2, \cdots, t_v$ 所构成的任何有限集,当 $D\to\infty$ 时,$T_D(t_\kappa,\mu,\gamma)$($\kappa=1,2,\cdots,$

[1] 这称作库普曼混合性质,它是证明统计力学遍历性假设的充分必要条件。

ν)的联合分布对于几乎每一个 μ 值,将趋于同一个 t_κ 下的 $T_D(t_\kappa,\mu)$ 的联合分布。但 $T_D(t_\kappa,\mu,\gamma)$ 完全由 t, μ, D 和 $\xi(\tau,\gamma)$ 确定。因此对于给定的 D 和给定的 μ,试图将 $T_D(t_\kappa,\mu,\gamma)$ 直接表示成式(3.46)的形式,或以某种方式将其表示成这样的时间序列,它有形如式(3.46)分布的极限分布(在前述不严格的意义上),都是不合适的。

必须承认,这是一个有待将来实施的计划,而不是已经完成的计划。但在本书作者看来,它为许多问题的合理自洽的处理提供了最大希望。这些问题包括:非线性预测、非线性滤波、非线性情形下信息传输的评估,以及有关稠密气体和湍流的理论。在这些问题里,目前面临的最紧迫的问题可能是通信工程上的问题。 80

现在让我们来看一下形如式(3.34)的时间序列的预测问题。我们看到,这个时间序列唯一的独立统计参数是如式(3.35)给出的 $\Phi(t)$;这意味着与 $K(t)$ 相联系的唯一有意义的量是

$$\int_{-\infty}^{\infty} K(s)K(s+t)ds \tag{3.67}$$

这里 K 显然是实的。

我们令

$$K(s)=\int_{-\infty}^{\infty} k(\omega)e^{i\omega s}d\omega \tag{3.68}$$

是一个傅里叶变换。知道了 $K(s)$ 也就知道了 $K(\omega)$,反之亦然。因此有

$$\frac{1}{2\pi}\int_{-\infty}^{\infty} K(s)K(s+\tau)ds=\int_{-\infty}^{\infty} k(\omega)k(-\omega)e^{i\omega\tau}d\omega \tag{3,69}$$

故关于$\Phi(\tau)$的知识与关于$k(\omega)k(-\omega)$的知识是等价的。但由于$K(s)$是实的,

$$K(s)=\int_{-\infty}^{\infty}\overline{k(\omega)}e^{-i\omega s}d\omega \tag{3.70}$$

这里$k(\omega)=k(-\omega)$。因此$|k(\omega)|^2$是已知函数,这意味着$\log|k(\omega)|$的实部是已知函数。

如果我们记

$$F(\omega)=\mathscr{R}\log[k(\omega)]\} \tag{3.71}$$

则确定$K(s)$相当于确定$\log k(\omega)$的虚部。但除非我们对$K(\omega)$有进一步限制,否则这个问题是不确定的。我们加设如下的限制条件:$\log k(\omega)$是解析的,且对于上半平面的ω有足够小的增长率。为使这一限定条件成立,我们假定$k(\omega)$和$[k(\omega)]^{-1}$在实轴上呈代数型增长。于是$[F(\omega)]^2$是偶的,且最多是以对数形式趋于无穷大,并且存在如下形式的柯西主值

81

$$G(\omega)=\frac{1}{\pi}\int_{-\infty}^{\infty}\frac{F(u)}{u-\omega}du \tag{3.72}$$

由式(3.72)表示的变换称为希尔伯特变换,它将$\cos\lambda\omega$变为$\sin\lambda\omega$;将$\sin\lambda\omega$变为$-\cos\lambda\omega$。因此$F(\omega)+iG(\omega)$是形如

$$\int_{0}^{\infty}e^{i\lambda\omega}d[M(\lambda)] \tag{3.73}$$

的函数,且在下半平面满足$\log|k(\omega)|$所需的条件。如果现在我们令

$$k(\omega)=\exp[F(\omega)+iG(\omega)] \tag{3.74}$$

那么可以证明,在非常一般的条件下,$k(\omega)$是这样一个函数,它使如式(3.68)所定义的$K(s)$对所有负的变元均为零。因此

$$f(i,\gamma)=\int_{-t}^{\infty}K(t+\tau)d\xi(\tau,\gamma) \tag{3.75}$$

另一方面,我们还可以证明,$1/k(\omega)$可以写成如下形式

$$\lim_{n\to\infty}\int_{0}^{\infty}e^{i\lambda\omega}dN_n(\lambda) \tag{3.76}$$

其中 N_n可适当确定。而这可以通过如下方式来做到:

$$\xi(\tau,\gamma)=\lim_{n\to\infty}\int_{0}^{\tau}dt\int_{-t}^{\infty}Q_n(t+\sigma)f(\sigma,\gamma)d\sigma \tag{3.77}$$

这里 Q_n必须具有如下形式的性质:

$$f(t,\gamma)=\lim_{n\to\infty}\int_{-t}^{\infty}K(t+\tau)d\tau\int_{-\tau}^{\infty}Q_n(\tau+\sigma)f(\sigma,\gamma)d\sigma \tag{3.78}$$

一般地,我们有

$$\psi(t)=\lim_{n\to\infty}\int_{-t}^{\infty}K(t+\tau)d\tau\int_{-\tau}^{\infty}Q_n(\tau+\sigma)\psi(\sigma)d\sigma \tag{3.79}$$

或如果我们写成(像在式(3.68)中那样)　82

$$K(s)=\int_{-\infty}^{\infty}k(\omega)e^{i\omega s}d\omega$$

$$Q_n(s)=\int_{-\infty}^{\infty}q_n(\omega)e^{i\omega s}d\omega$$

$$\psi(s)=\int_{-\infty}^{\infty}\Psi(\omega)e^{i\omega s}d\omega \tag{3.80}$$

于是有

$$\Psi(\omega)=\lim_{n\to\infty}(2\pi)^{\frac{3}{2}}\Psi(\omega)q_n(-\omega)k(\omega) \tag{3.81}$$

因此

$$\lim_{n\to\infty}q_n(-\omega)=\frac{1}{(2\pi)^{\frac{3}{2}}k(\omega)} \tag{3.82}$$

我们将发现,这一结果有助于将预测算符变成一种关于频率而不是时间的形式。

因此,$\xi(t, \gamma)$的过去和现在,或者确切地说,"微分"$d\xi(t, \gamma)$的过去和现在,决定了 $f(t, \gamma)$的过去和现在,反之亦然。

现在,如果 $A>0$,

$$\begin{aligned} f(t+A,\gamma) &= \int_{-t-A}^{\infty} K(t+A+\tau)\,d\xi(\tau,\gamma) \\ &= \int_{-t-A}^{-t} K(t+A+\tau)\,d\xi(\tau,\gamma) \\ &\quad + \int_{-t}^{\infty} K(t+A+\tau)\,d\xi(\tau,\gamma) \end{aligned} \tag{3.83}$$

这里最后一个表达式的第一项取决于 $d\xi(\tau, \gamma)$的取值范围。但 $\sigma\leqslant t$ 的$f(\sigma,\gamma)$的知识并不能告诉我们这个取值范围的任何信息,它完全独立于第二项。其均方值为

$$\int_{-t-A}^{t} [K(t+A+\tau)]^2\,d\tau = \int_{0}^{A} [K(\tau)]^2\,d\tau \tag{3.84}$$

它告诉我们,有关它的所有知识都是统计性的。可以证明,这个均方值源自高斯分布。它是 $f(t+A, \gamma)$的最佳可能预测的误差。

这个最佳可能预测本身是式(3.83)中的最后一项,

$$\begin{aligned} &\int_{-t}^{\infty} K(t+A+\tau)\,d\xi(\tau,\gamma) \\ &= \lim_{n\to\infty}\int_{-t}^{\infty} K(t+A+\tau)\,d\tau \int_{-\tau}^{\infty} Q_n(\tau+\sigma)f(\sigma,\gamma)\,d\sigma \end{aligned} \tag{3.85}$$

83　如果我们令

$$k_A(\omega) = \frac{1}{2\pi}\int_{0}^{\infty} K(t+A)e^{-i\omega t}\,dt \tag{3.86}$$

同时如果我们将式(3.85)的算符应用到 $e^{-i\omega t}$,得到

$$\lim_{n\to\infty}\int_{-t}^{\infty}K(t+A+\tau)d\tau\int_{-\tau}^{\infty}Q_n(\tau+\sigma)e^{i\omega\sigma}d\sigma=A(\omega)e^{i\omega t} \tag{3.87}$$

我们将发现(如同式(3.81)的情形)

$$\begin{aligned} A(\omega) &= \lim_{n\to\infty}(2\pi)^{\frac{3}{2}}q_n(-\omega)k_A(\omega) \\ &= k_A(\omega)/k(\omega) \\ &= \frac{1}{2\pi k(\omega)}\int_{A}^{\infty}e^{-i\omega(t-A)}dt\int_{-\infty}^{\infty}k(u)e^{iut}du \end{aligned} \tag{3.88}$$

这便是最佳预测算符的频率形式。

对于如式(3.34)的时间序列,滤波问题与预测问题密切相关。设消息加噪声的形式为

$$m(t)+n(t)=\int_{0}^{\infty}K(\tau)d\xi(t-\tau,\gamma) \tag{3.89}$$

令该消息有形式

$$m(t)=\int_{-\infty}^{\infty}Q(\tau)d\xi(t-\tau,\gamma)+\int_{-\infty}^{\infty}R(\tau)d\xi(t-\tau,\delta) \tag{3.90}$$

这里 γ 和 δ 为 (0, 1)上的独立分布。于是很明显,$m(t+a)$的可预测部分为

$$\int_{0}^{\infty}Q(\tau+\alpha)d\xi(t-\tau,\gamma) \tag{3.901}$$

该预测的均方误差为

$$\int_{0}^{\alpha}[Q(\tau)]^2d\tau+\int_{-\infty}^{\infty}[R(\tau)]^2d\tau \tag{3.902}$$

进一步,我们假设我们知晓下列各量:

84

$$\phi_{22}(t) = \int_0^1 d\gamma \int_0^1 d\delta n(t+\tau)n(\tau)$$

$$= \int_{-\infty}^{\infty} [K(|t|+\tau) - Q(|t|+\tau)][K(\tau) - Q(\tau)]d\tau$$

$$= \int_0^{\infty} [K(|t|+\tau) - Q(|t|+\tau)][K(\tau) - Q(\tau)]d\tau$$

$$+ \int_{-|t|}^{0} [K(|t|+\tau) - Q(|t|+\tau)][-Q(\tau)]d\tau$$

$$+ \int_{-\infty}^{-|t|} Q(|t|+\tau)Q(\tau)d\tau + \int_{-\infty}^{\infty} R(|t|+\tau)R(\tau)d\tau$$

$$= \int_0^{\infty} K(|t|+\tau)K(\tau)d\tau - \int_{-|t|}^{\infty} K(|t|+\tau)Q(\tau)d\tau$$

$$+ \int_{-\infty}^{\infty} Q(|t|+\tau)Q(\tau)d\tau + \int_{-\infty}^{\infty} R(|t|+\tau)R(\tau)d\tau \tag{3.903}$$

$$\phi_{11}(\tau) = \int_0^1 d\gamma \int_0^1 d\delta\, m(|t|+\tau)m(\tau)$$

$$= \int_{-\infty}^{\infty} Q(|t|+\tau)Q(\tau)d\tau + \int_{-\infty}^{\infty} R(|t|+\tau)R(\tau)d\tau \tag{3.904}$$

$$\phi_{12}(\tau) = \int_0^1 d\gamma \int_0^1 d\delta\, m(t+\tau)n(\tau)$$

$$= \int_0^1 d\gamma \int_0^1 d\delta\, m(t+\tau)[m(\tau)+n(\tau)] - \phi_{11}(\tau)$$

$$= \int_0^1 d\gamma \int_{-t}^{\infty} K(\sigma+t)d\xi(\tau-\sigma,\gamma)\int_{-t}^{\infty} Q(\tau)d\xi(\tau-\sigma,\gamma)$$

$$- \phi_{11}(\tau)$$

$$= \int_{-t}^{\infty} K(k+\tau)Q(\tau)d\tau - \phi_{11}(\tau) \tag{3.905}$$

这三个量的傅里叶变换分别是

$$\left.\begin{aligned}\Phi_{22}(\omega) &= |k(\omega)|^2 + |q(\omega)|^2 - q(\omega)\overline{k(\omega)} \\ &\quad - k(\omega)\overline{q(\omega)} + |r(\omega)|^2 \\ \Phi_{11}(\omega) &= |q(\omega)|^2 + |r(\omega)|^2 \\ \Phi_{12}(\omega) &= k(\omega)\overline{q(\omega)} - |q(\omega)|^2 - |r(\omega)|\end{aligned}\right\} \tag{3.906}$$

其中　85

$$\left.\begin{aligned}k(\omega) &= \frac{1}{2\pi}\int_0^{\infty} K(s)e^{-i\omega s}ds \\ q(\omega) &= \frac{1}{2\pi}\int_{-\infty}^{\infty} \overline{Q(s)}e^{-i\omega s}ds \\ r(\omega) &= \frac{1}{2\pi}\int_{-\infty}^{\infty} R(s)e^{-i\omega s}ds\end{aligned}\right\} \tag{3.907}$$

即

$$\Phi_{11}(\omega) + \Phi_{12}(\omega) + \overline{\Phi_{12}(\omega)} + \overline{\Phi_{22}(\omega)} = |k(\omega)|^2 \tag{3.908}$$

和

$$q(\omega)\overline{k(\omega)} = \Phi_{11}(\omega) + \Phi_{21}(\omega) \tag{3.909}$$

出于对称性考虑，我们记 $\Phi_{21}(\omega) = \overline{\Phi_{12}(\omega)}$。现在我们可以从式(3.908)来确定 $k(\omega)$ 了，其做法如同前面在式(3.74)的基础上定义 $k(\omega)$。这里我们将 $\Phi(t)$ 写成 $\Phi_{11}(t) + \Phi_{22}(t) + 2\mathscr{R}[\Phi_{12}(t)]$。由此得到

$$q(\omega) = \frac{\Phi_{11}(\omega) + \Phi_{21}(\omega)}{\overline{k(\omega)}} \tag{3.910}$$

故有

$$Q(t)=\int_{-\infty}^{\infty}\frac{\Phi_{11}(\omega)+\Phi_{21}(\omega)}{\overline{k(\omega)}}e^{i\omega t}d\omega \qquad (3.911)$$

因此由最小均方误差,$m(t)$的最佳决策为

$$\int_{0}^{\infty}d\xi(t-\tau,\gamma)\int_{-\infty}^{\infty}\frac{\Phi_{11}(\omega)+\Phi_{21}(\omega)}{\overline{k(\omega)}}e^{i\omega(t+a)}d\omega \qquad (3.912)$$

将上式与式(3.89)联立,并采用类似于我们在式(3.88)得到的自变量,我们看到,如果在频域上写出,那么作用在 $m(t)+n(t)$上的算符(借此我们得到 $m(t+a)$的"最佳"表示)可以记作

$$\frac{1}{2\pi k(\omega)}\int_{a}^{\infty}e^{-i\omega(t-a)}dt\int_{-\infty}^{\infty}\frac{\Phi_{11}(u)+\Phi_{21}(u)}{\overline{k(u)}}e^{iut}du \qquad (3.913)$$

这个算符即为电气工程师称为滤波器的特征算符。量 a 是滤波器的延迟,可正可负。当它取负值时,$-a$ 称作超前。我们总能以所希望的精度来制造与式(3.913)相应的装置。对这方面的构造细节关心的更多的是电气工程方面的专家而非本书读者。它们可以在其他文献中找到。①

86

滤波的均方误差(式(3.902))可以表示成具有无穷大时滞滤波的均方误差

$$\int_{-\infty}^{\infty}[R(\tau)]^{2}d\tau=\Phi_{11}(0)-\int_{-\infty}^{\infty}[Q(\tau)]^{2}d\tau$$

$$=\frac{1}{2\pi}\int_{-\infty}^{\infty}\Phi_{11}(\omega)d\omega-\frac{1}{2\pi}\int_{-\infty}^{\infty}\left|\frac{\Phi_{11}(\omega)+\Phi_{21}(\omega)}{\overline{k(\omega)}}\right|^{2}d\omega$$

$$=\frac{1}{2\pi}\int_{-\infty}^{\infty}\left[\Phi_{11}(\omega)-\frac{|\Phi_{11}(\omega)+\Phi_{21}(\omega)|^{2}}{\Phi_{11}(\omega)+\Phi_{12}(\omega)+\Phi_{21}(\omega)+\Phi_{22}(\omega)}\right]d\omega$$

① 特别要提到的是李郁荣博士最近的论文。

$$= \frac{1}{2\pi}\int_{-\infty}^{\infty} \frac{\begin{vmatrix} \Phi_{11}(\omega) & \Phi_{12}(\omega) \\ \Phi_{21}(\omega) & \Phi_{22}(\omega) \end{vmatrix}}{\Phi_{11}(\omega) + \Phi_{12}(\omega) + \Phi_{21}(\omega) + \Phi_{22}(\omega)} d\omega \tag{3.914}$$

和依赖于延迟的部分

$$\int_{-\infty}^{a} [\Phi(\tau)]^2 dt = \int_{-\infty}^{a} dt \left| \int_{-\infty}^{\infty} \frac{\Phi_{11}(\omega) + \Phi_{21}(\omega)}{\overline{k(\omega)}} e^{i\omega t} d\omega \right|^2 \tag{3.915}$$

之和。可以看出，滤波的均方误差是滞后的单调递减函数。

从布朗运动导出的消息和噪声情形的另一个有趣问题是信息的传输速率问题。为简明起见，让我们考虑消息和噪声不相干的情形，即当

$$\Phi_{12}(\omega) \equiv \Phi_{21}(\omega) \equiv 0 \tag{3.916}$$

的情形。为此我们来考虑

$$\left.\begin{aligned} m(t) &= \int_{-\infty}^{\infty} M(\tau)\, d\xi(t-\tau,\gamma) \\ n(t) &= \int_{-\infty}^{\infty} N(\tau)\, d\xi(t-\tau,\delta) \end{aligned}\right\} \tag{3.917}$$

这里 γ 和 δ 是独立分布。假设我们知道 $(-A, A)$ 上的 $m(t)+n(t)$，那么我们从 $m(t)$ 可以得到多少信息？请注意，我们应试探性地认为，它不会与下述量里的信息量有太大的不同：　87

$$\int_{-A}^{A} M(\tau)\, d\xi(t-\tau,\gamma) \tag{3.918}$$

这个信息量是当我们得知下述量的所有值后所获得的信息量：

$$\int_{-A}^{A} M(\tau)\, d\xi(t-\tau,\gamma) + \int_{-A}^{A} N(\tau)\, d\xi(t-\tau,\delta) \tag{3.919}$$

其中γ和δ是独立分布。但我们可以证明,式(3.918)的第n级傅里叶系数具有与所有其他的傅里叶系数无关的高斯分布,且其均方值正比于

$$\left|\int_{-A}^{A} M(\tau)\exp\left(i\,\frac{\pi n\tau}{A}\right)d\tau\right|^{2} \tag{3.920}$$

因此由式(3.09)知,可获得的关于M的总信息量为

$$\sum_{n=-\infty}^{\infty}\frac{1}{2}\log_2\frac{\left|\int_{-A}^{A} M(\tau)\exp\left(i\,\frac{\pi n\tau}{A}\right)d\tau\right|^{2}+\left|\int_{-A}^{A} N(\tau)\exp\left(i\,\frac{\pi n\tau}{A}\right)d\tau\right|^{2}}{\left|\int_{-A}^{A} N(\tau)\exp\left(i\,\frac{\pi n\tau}{A}\right)d\tau\right|^{2}} \tag{3.921}$$

而能量传递的时间密度为这个量除以$2A$。如果现在$A\to\infty$,则式(3.921)趋于

$$\frac{1}{2\pi}\int_{-\infty}^{\infty} du\ \log_2\frac{\left|\int_{-\infty}^{\infty} M(\tau)\exp\ iu\tau\ d\tau\right|^{2}+\left|\int_{-\infty}^{\infty} N(\tau)\exp\ iu\tau\ d\tau\right|^{2}}{\left|\int_{-\infty}^{\infty} N(\tau)\exp\ iu\tau\ d\tau\right|^{2}} \tag{3.922}$$

这正是作者和香农在信息传输速率方面所取得的结果。正如所见,它不仅取决于传输消息可用的频带宽度,还取决于噪声水平。事实上,它与用来衡量一个人的听力和听力损失的听力图有密切关系。这种图的横坐标是频率,下边界的纵坐标是声强阈值强度的对数,即我们所称的接收系统的内部噪声强度的对数;上边界的纵坐标是系统适于处理的最大信息强度的对数。它们之间的面积,即具有式(3.922)的量纲的量,被看作是对耳朵能接受的信息传输速率的量度。

88

有关线性依赖于布朗运动的消息理论有许多重要的变体。式(3.88)、式(3.914)和式(3.922)都是非常重要的公式。当然，还要加上解释这些公式的必要的定义。这一理论有许多种变体。首先，对于消息和噪声代表了线性谐振器对布朗运动做出响应的情形，该理论能够为我们提供最佳可能的预测器和波形滤波器的设计。而在更一般的情形下，它们代表了预测器和滤波器的可能设计。这未必是绝对最佳的设计，但就线性运算设备可以做到程度看，它能将预测和滤波的均方误差减到最小。当然，一般来说，某些非线性设备的性能仍要优于任何线性设备。

其次，这里说的时间序列都是简单的时间序列，其中仅含依赖于时间的单个数值变量。也存在多重时间序列，其中一系列变量同时依赖于时间，这些时间序列在经济学、气象学等方面最为重要。美国的全天天气图即构成这样的一个时间序列。在此情形下，我们必须将它展开成一系列关于频率的函数，而且像式(3.35)里和式(3.70)之后讨论中的$|k(\omega)|^2$这样的二次量都将被各对量的阵列——**矩阵**——所取代。根据$|k(\omega)|^2$来确定$k(\omega)$的问题，在满足复平面上特定辅助条件的这样一种方式下，将变得更加困难，特别是矩阵乘法不是一种可交换的运算。然而，包含在这种多维理论里的问题已经——至少是部分已经——由克莱因和本书作者予以解决。

多维理论代表着上述理论的复杂化。另一种与此密切相关的理论则是对它的简化。这就是关于离散时间序列的预测、滤波和信息量的理论。这种序列是参数α的函数$f_n(\alpha)$序列，这里n为跑遍从$-\infty$到∞的所有整数。量α如同前述是分布参数，可以在

89

(0, 1)上均匀取值。如果 n 到 $n+v$(v 是整数)的变化等价于 α 取值的间隔(0, 1)到自身的保测变换,那么这个时间序列就称为处在统计平衡态下。

离散时间序列理论在许多方面要比连续序列理论简单。例如,通过一系列独立的选择来构造这样一个序列要容易得多。每一项(在混合情形下)都可以用前项与一个与所有前项无关,且均匀分布在(0, 1)上的量的组合来表示。这些独立因子构成的序列就可以用来替代在连续情形下非常重要的布朗运动。

如果 $f_n(\alpha)$是统计平衡态下的时间序列,并且是度量可递的,则其自相关系数将为

$$\phi_m = \int_0^1 f_m(\alpha) f_0(\alpha)\, d\alpha \tag{3.923}$$

并且对于几乎所有的 α 我们有

$$\begin{aligned}\phi_m &= \lim_{N\to\infty} \frac{1}{N+1} \sum_0^N f_{k+m}(\alpha) f_k(\alpha) \\ &= \lim_{N\to\infty} \frac{1}{N+1} \sum_0^N f_{-k+m}(\alpha) f_{-k}(\alpha)\end{aligned} \tag{3.924}$$

我们令

$$\phi_n = \frac{1}{2\pi} \int_{-\pi}^{\pi} \Phi(\omega) e^{in\omega} d\omega \tag{3.925}$$

或

$$\Phi(\omega) = \sum_{-\infty}^{\infty} \phi_n e^{-in\omega} \tag{3.926}$$

令

$$\frac{1}{2} \log \Phi(\omega) = \sum_{-\infty}^{\infty} p_n \cos n\omega \tag{3.927}$$

并令

$$G(\omega)=\frac{p_0}{2}+\sum_{1}^{\infty}p_n e^{in\omega} \tag{3.928}$$

令

$$e^{G(\omega)}=k(\omega) \tag{3.929}$$

于是在非常一般的条件下，$k(\omega)$将是一个函数的这样的单位圆的边界值，在这个单位圆内不存在零点或奇点，如果 ω 是角度的话。对此我们必有　90

$$|k(\omega)|^2=\Phi(\omega) \tag{3.930}$$

现在如果我们令具有超前量 v 的 $f_n(\alpha)$ 的最佳线性预测为

$$\sum_{0}^{\infty}f_{n-v}(\alpha)W_v \tag{3.931}$$

我们将发现，

$$\sum_{0}^{\infty}W_\mu e^{i\mu\omega}=\frac{1}{2\pi k(\omega)}\sum_{\mu=v}^{\infty}e^{i\omega(\mu-v)}\int_{-\pi}^{\pi}k(u)e^{-i\mu u}du \tag{3.932}$$

它是对式(3.88)的类比。我们注意到，如果令

$$k_\mu=\frac{1}{2\pi}\int_{-\pi}^{\pi}k(u)e^{-i\mu u}du \tag{3.933}$$

那么

$$\sum_{0}^{\infty}W_\mu e^{i\mu\omega}=e^{-iv\omega}\frac{\sum_{v}^{\infty}k_\mu e^{i\mu\omega}}{\sum_{0}^{\infty}k_\mu e^{i\mu\omega}}$$

$$=e^{-iv\omega}\left(1-\frac{\sum_{0}^{v-1}k_\mu e^{i\mu\omega}}{\sum_{0}^{\infty}k_\mu e^{i\mu\omega}}\right) \tag{3.934}$$

很显然,这是我们在非常一般的情形下形成 $k(\omega)$的方法的结果。我们可以令

$$\frac{1}{k(\omega)}=\sum_{0}^{\infty}q_{\mu}e^{i\mu\omega} \tag{3.935}$$

于是式(3.934)变成

$$\sum_{0}^{\infty}W_{\mu}e^{i\mu\omega}=e^{-i\nu\omega}\left(1-\sum_{0}^{\nu-1}k_{\mu}e^{i\mu\omega}\sum_{0}^{\infty}q_{\lambda}e^{i\lambda\omega}\right) \tag{3.936}$$

特别是,如果 $\nu=1$,

$$\sum_{0}^{\infty}W_{\mu}e^{i\mu\omega}=e^{-i\omega}\left(1-k_{0}\sum_{0}^{\infty}q_{\lambda}e^{i\lambda\omega}\right) \tag{3.937}$$

91 或

$$W_{\mu}=-q_{\lambda+1}k_{0} \tag{3.938}$$

因此对于超前一步的预测,$f_{n+1}(\alpha)$的最佳值为

$$-k_{0}\sum_{0}^{\infty}q_{\lambda+1}f_{n-\lambda}(\alpha) \tag{3.939}$$

通过逐步预测的过程,我们就可以解决离散时间序列的线性预测的全部问题。正如在连续情形下,如果

$$f_{n}(\alpha)=\int_{-\infty}^{\infty}K(n-\tau)d\xi(\tau,\alpha) \tag{3.940}$$

那么这将是任何方法能得到的最佳预测。

对于从连续转到离散情形的过滤问题,基本遵循前述相同的论证。表示最佳过滤的频率特性的式(3.913)现在相应地取如下形式

$$\frac{1}{2\pi k(\omega)}\sum_{\nu=a}^{\infty}e^{-i\omega(\nu-a)}\int_{-\pi}^{\pi}\frac{[\Phi_{11}(u)+\Phi_{21}(u)]e^{iu\nu}du}{\overline{k(u)}} \tag{3.941}$$

这里所有的项都具有与连续情形下相同的定义，只是对 ω 或 u 的所有积分都从 $-\pi$ 到 π，而不是从 $-\infty$ 到 ∞；所有对 ν 的求和都是离散和，而不是对 t 积分。离散时间序列的滤波器，通常与其说是一种物理上可用电路来实现的设备，不如说是一款数学程序，它能帮助统计人员从统计上不纯的数据里提取出最好的结果。

最后，如果用如下形式的离散时间序列来传递信息

$$\int_{-\infty}^{\infty} M(n-\tau)\, d\xi(t,\gamma) \tag{3.942}$$

那么在有噪声

$$\int_{-\infty}^{\infty} N(n-\tau)\, d\xi(t,\delta) \tag{3.943}$$

的情形下（这里 γ 和 δ 为独立分布），这个信息传输速率将严格类同于式(3.922)，即

$$\frac{1}{2\pi}\int_{-\pi}^{\pi} du\ \log_2 \frac{\left|\int_{-\infty}^{\infty} M(\tau) e^{iu\tau} d\tau\right|^2 + \left|\int_{-\infty}^{\infty} N(\tau) e^{iu\tau} d\tau\right|^2}{\left|\int_{-\infty}^{\infty} N(\tau) e^{iu\tau} d\tau\right|^2} \tag{3.944}$$

这里，在区间$(-\pi,\ \pi)$上，　92

$$\left|\int_{-\infty}^{\infty} M(\tau) e^{iu\tau} d\tau\right|^2 \tag{3.945}$$

表示该消息在频域上的功率分布，且

$$\left|\int_{-\infty}^{\infty} N(\tau) e^{iu\tau} d\tau\right|^2 \tag{3.946}$$

表示噪声在频域上的功率分布。

我们在这里发展的统计理论包括所观察的时间序列的过去的全部知识。但在任何情况下，我们都不能完全满足这一条件，因为

我们的观察不可能追溯到无穷远的过去。但作为一个实用的统计理论,我们的理论发展必须超越这一点,它应包含对现有抽样方法的扩展。作者和其他人已经在这个方向上起步。但是它要么涉及运用贝叶斯定律所引起的各种复杂性,要么涉及类似理论的那些术语技巧①,这些技巧似乎避开了使用贝叶斯定律的必要性,但在实践中将使用这一定律的责任转移到在此领域工作的统计学家头上,或是那些最终运用其结果的人的头上。同时,统计理论家却可以非常诚恳地说,他所说的十分严谨且无懈可击。

最后,在本章结束之际,我们不妨讨论一下现代量子力学。这一理论代表了现代物理学侵入时间序列的最高形式。在牛顿物理学里,物理现象的时间序列是完全由其过去决定的,特别是由其在任一时刻的位置和动量决定。在完备的吉布斯理论里,这一点仍然是正确的,由于整个宇宙的多元时间序列的完美确定,因此任一时刻的位置和动量的知识确定了整个未来。只是因为这些坐标和动量被忽视了,尚未观察到,因此我们实际遇到的时间序列才具有我们在本章中所熟悉的、在由布朗运动导出的时间序列遇到的那种混合性质。海森伯对物理学的巨大贡献是用另一个世界取代了吉布斯的这个仍然是准牛顿的世界。在海森伯给出的世界里,时间序列决无可能被简化为时间演化上确定的一系列线索的集合。93 在量子力学中,单个系统的全部过去并不绝对地决定系统的未来,而仅仅决定着该系统未来可能的分布。经典物理学用以把握系统整个过程的知识所需的那些量不是同时可观察的量,除非是以非

① 见费舍尔和冯·诺依曼的著作。

常不严格的和近似的意义上。不过在经典物理学所需的精度范围内,这种近似已足够精确,而且已被实验证明是适用的。对动量的观察条件与对相应的位置的观察条件是不相容的。要想尽可能精确地观察系统的位置,我们就必须用光或电子波或类似的高分辨率或短波长的方法来观察它。然而,光会表现出一种粒子作用,其作用效果的大小仅取决于其频率。用高频的光照射一个物体意味着物体的动量将随频率的增加而变化。另一方面,如果是用低频光来照射,那么由此带来的粒子的动量变化最小,但代价是无法以足够好的分辨率得到非常清晰的位置。中间频率的光给出的是一个位置和动量都模糊的结果。一般来说,就不存在一套可以想象的观测方式,它既能给出关于系统过去的足够多的信息,又能提供关于其未来的完整信息。

尽管如此,正如所有时间序列的系综情形一样,我们在这里所发展的信息量理论也是适用于量子理论,因此熵理论也适用。但由于我们现在处理的是具有混合属性的时间序列,因此即使数据是尽可能完备的,我们发现我们的系统也没有绝对的势垒,并且系统在任何状态下都可以变换到任何其他状态。但从长远看,这种变换取决于前后两种状态的相对概率或量度。对于那些能够通过多次变换而变换到自身的状态来说,这种变换的概率特别高。如果用量子理论家的语言来说就是,对于具有高的内部共振的或高的量子简并的状态,这种变换的概率特别高。苯环就是一个这样的例子,因为这两个状态是等价的。这表明,在

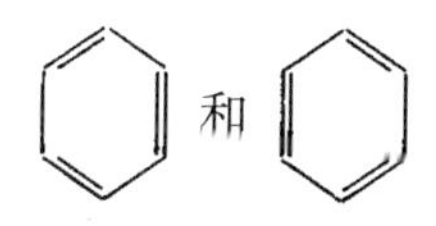

这样系统中,不同构件可以各种方式紧密结合起来,如氨基酸的混合物组成蛋白质链就是这样一种情形,其中许多链都是一样的,并且彼此密切链接构成一种比不同链之间的链接更稳定的状态。霍尔丹(Haldane)曾试探性地认为,这可能就是基因和病毒自我复制的方式。尽管他没有将这一看法当作最终结论来断言,但我认为没有理由不把它作为一个试探性的假设予以保留。正如霍尔丹自己所指出的,如同量子理论中单个粒子不具有十分鲜明的个性一样,在这里我们不可能百分百地说,以这种方式自我复制的两个基因样本,哪一个是模板,哪一个是复制品。

众所周知,这种共振现象在生命物质中是很常见的。圣哲尔吉曾暗示过这种现象在肌肉构造中的重要性。高度共振的物质通常具有反常的储存能量和信息的能力,而这种储存在肌肉收缩时肯定会出现。

同样,与生殖有关的同样现象有可能与生物体中所发现的化学物质的非比寻常的特异性有关,这种特异性不仅存在物种间的差异,甚至包括同一物种的个体间的差异。这些认识在免疫学上可能是非常重要的。

第4章　反馈和振荡

一个病人来到神经科就诊。他没有瘫痪，当他接到指令时可以移动他的腿。尽管如此，他患有严重残疾。他走路时呈现出奇特的不确定的步态，眼睛朝下看着地面和他的腿。他每迈出一步都要踢一下，不断地将每条腿甩在面前。如果蒙上眼睛，他便无法站立，摇摇晃晃地倒地。他是怎么了？

另一个病人进来了。他坐在椅子上休息时，似乎没什么问题。但如果你给他一支烟，他的手会在要抓取的东西面前摇摆不定，就是抓不到它，不是偏向这边，就是徒劳地偏向另一边，然后又摆动回来，直到他的运动变成一种猛烈的振荡而一无所获。给他一杯水，他摇晃着杯子将水泼净了都喝不到嘴里。他又是什么毛病？

这两个病人都患有一种称为共济失调的疾病，只是表现形式不同。他们的肌肉强壮而健康，但他们无法协调其行动。第一个病人患的是脊髓痨。作为梅毒的后遗症，他的通常用以接收感觉的脊髓部分已受损伤或毁坏。他对外界输入的信息的反应变得非常迟钝，如果不说是完全消失的话。他的关节、肌腱、肌肉和脚掌等组织内的感受器——通常将其腿部运动的位置和状态传递给大脑的感受器——不再发送信息供中枢神经系统拾取和传递，他不

96 得不依靠眼睛和内耳的平衡器官来控制他的姿势。用生理学家的行话来说就是,他已经失去了本体感觉或运动感觉的重要部分。

第二个病人并未失去本体感觉。他的受伤部位在其他地方,伤在小脑,他罹患的是所谓的小脑震颤或目的性震颤。小脑似乎有一种协调肌肉对本体感觉输入做出响应的功能,如果这种协调功能受到干扰,其后果之一便是震颤。

因此我们看到,就对外部世界的有效作用而言,重要的不仅是我们拥有良好的效应器,而且这些效应器的表现必须受到恰当的监控以便反馈给中枢神经系统,而这些监测器的读数必须与其他感觉器官接收到的信息适当地结合起来,产生一个适当的调节输出供给效应器。某些机械系统中的情形与此非常相似。让我们来考虑铁路上的信号塔。信号员控制一些杠杆使信号灯打开或关闭,这些杠杆也调节转换器(道岔)的设置。然而,信号员不能盲目假定信号灯和转换器都听从他的命令。例如,转换器有可能被冻住了,或者雪堆的重量使信号臂弯曲了,这时转换器和信号灯——他的效应器——的实际状态并不符合他给出命令后所应处的状态。为了避免这种偶然性所蕴含的危险,每一个效应器——转换器或信号——都必须附设一套信号回报装置连接到信号塔,起作用就是将效应器的实际状态和表现传递给信号员。在海军中,这套信号回报系统便是对口令的机械复述。按照惯例,每个下属在接到命令时都必须向他的上级重复一遍口令,以表明他已经听到并理解了它。信号员必须执行的正是这样的被复述了的命令。

请注意,在这个系统中,信息的传输和返回链(从现在起,我们称其为反馈链)中存在着人的介入。其实信号员并不完全自由;他的转换器和信号灯是联锁的，要么是机械联锁，要么是电磁联锁，而且他不能随意地选择某种更具灾难性的组合。但也存在不用人介入的反馈链。我们用来调节房间供暖的普通恒温器就是其中的一个例子。所需的室温有一个设置；如果房间的实际温度低于这个设定值，感温装置就会被启动，它会点亮发热电阻丝或增加燃油的流动，从而使房间的温度达到所设定的值。另一方面，如果房间温度超过预设值，那么它会自动切断电阻丝电源或减缓或中断燃油流动。这样，房间温度就会保持在一个稳定的水平上。注意，这个设定值的恒定取决于恒温器的良好设计，而设计不当的恒温器可能会使房间的温度变得剧烈振荡，就像患有小脑震颤的病人一样。 97

另一个纯粹机械反馈系统的例子是蒸汽机的调速器。这种调速器最初是由克拉克·麦克斯韦设计的，它可以根据不同的负载条件来调节速度。在瓦特设计的原始形式的调速器中，它由附着在两根摆杆上的球组成，在转轴相对的两侧摆动。在自身重量或弹簧的作用下，它们有向下摆动的趋势，而受到的离心作用则使其向上摆动。离心作用的大小取决于转轴的角速度。由此，它们设定了一个同样依赖于角速度的折中位置。这个位置信息被其他杆传送到轴套上，它控制着一根杆，当发动机减缓且球落下时打开气缸的进气阀；当发动机加速且球上升时，则关闭阀门。请注意，这个反馈倾向于阻碍系统正在做的事情，因此是负反馈。

由此，我们有了稳定温度的负反馈和稳定速度的负反馈的例子。也有稳定位置的负反馈，例如船舶舵机中的情形。舵机由方向盘的角位置与方向舵的角位置之间的角度差来驱动，并且作用的效果总是使舵的位置回复到与方向盘的位置一致的状态。随意活动的反馈就是这种性质。我们无法有意识地控制某些肌肉的运动,事实上,我们通常不知道哪些肌肉会参与完成给定的任务;譬如说,我们想拿起一支烟。我们的动作是通过度量未完成任务的量的大小来调整的。

反馈给控制中心的信息往往具有反抗受控量偏离控制量的纠偏倾向,但其作用可能以非常不同的方式依赖于偏离程度。最简单的控制系统是线性系统:效应器的输出是输入的线性表示,当我们增加输入量时,我们也增大了输出量。输出的读数由某种线性设备来读取。这个读数可直接从输入中减去。我们希望能从理论上对这种设备的性能做出精确的描述,特别是对其不良行为以及因处理不当或超载而使其进入振荡状态的情形加以描述。

98

在本书中,我们尽量避免采用数学符号和数学技巧,尽管在不同的地方我们不得不妥协,特别是在前一章。同样,在本章的余下部分,我们要对所述材料做严格处理,这里数学符号就成了最适当的语言,否则的话就需要用外行难以理解的长篇大论来处理,而且这种处理也只有熟悉数学符号的读者才能理解,他能将它们翻译成数学符号。我们能做出的最妥善的让步就是通过充分的口头解释来补充符号的意义。

设 $f(t)$是一个时间 t 的函数,这里 t 从 $-\infty$ 到 ∞;即对每一时刻 t,$f(t)$都是一个数值量。对任意时刻 t,当 s 小于或等于 t 时,$f(s)$都是可求得的;但当 s 大于 t 时则否。有些电气和机械设备,其输入有一个固定的延迟时间,也就是说,对于输入 $f(t)$,输出为 $f(t-\tau)$,这里 τ 是固定的延迟。

我们可以将几个这种类型的装置合起来,产生输出 $f(t-$

τ_1), $f(t-\tau_2)$, ……, $f(t-\tau_n)$。我们可以用一个固定的(正的或负的)量来乘以这些输出的每一个。例如,我们可以用一个电位差计使电压乘上一个固定的小于1的正数。我们也不难设计一种自动平衡装置和放大器使电压乘以一个负的或大于1的量。我们也不难构建一个简单的电路,用以将电压不断地加起来,借助于这些电路,我们可以得到输出

$$\sum_1^n a_k f(t-\tau_k) \tag{4.01}$$

通过增加延迟 τ_k 的数量,并适当调整系数 a_k,我们就可以得到近似于我们希望的输出形式

$$\int_0^\infty a(\tau)f(t-\tau)d\tau \tag{4.02}$$

在这个表达式中,重要的是要认识到,我们取的积分限是从0到∞,而不是从-∞到∞,这一点是非常必要的。否则,我们可以用各种实际装置来对这个结果进行操作,得到 $f(t+\sigma)$,这里 σ 取正值。但这样就涉及对 $f(t)$ 的未来的知识。$f(t)$ 可以是一个量,就像电车的脚踏电门[①],它可以关闭一条线路切换到另一条线路上,它不是由其过去状态决定的。当一个物理过程似乎给我们带来一种将 $f(t)$ 变换为下述量的操作 99

$$\int_{-\infty}^\infty a(\tau)f(t-\tau)d\tau \tag{4.03}$$

这里 $a(\tau)$ 对负的 τ 值不完全为零,这意味着我们已不再有一个

① 原词 coordinates 指电车上的脚踏电门。电车在转弯分线时,司机需要用脚踏下这个电门断电,使架空线上的分线器线圈感应到一个变化的电流,触动继电器闭合,使电车的辫子顺着导通线路走。——译者

仅取决于其过去的真正作用在 $f(t)$ 上的算符。有些物理现象就是这种情形。例如,一个没有输入的动力系统可能会永远振荡下去,甚至以不确定的振幅振荡至无穷远。在这种情况下,系统的未来并不是由其过去决定的,而且在形式上我们可以找出一个形式化公式,表明算符依赖于未来。

我们从 $f(t)$ 得到式(4.02)的运算有两个重要的特性:(1)它与时间原点的平移无关,(2)它是线性的。第一个性质可表述为,如果

$$g(t)=\int_0^\infty \alpha(\tau)f(t-\tau)d\tau \tag{4.04}$$

那么有

$$g(t+\sigma)=\int_0^\infty \alpha(\tau)f(t+\sigma-\tau)d\tau \tag{4.05}$$

第二个性质可表述为,如果

$$g(t)=Af_1(t)+Bf_2(t) \tag{4.06}$$

则

$$\int_0^\infty \alpha(\tau)\ g(t-\tau)d\tau = A\int_0^\infty a(\tau)f_1(t-\tau)d\tau + B\int_0^\infty a(\tau)f_2(t-\tau)d\tau \tag{4.07}$$

100

可以证明,在适当的意义上,**每一个作用于 $f(t)$ 的过去的算符,如果它是线性的且在时间原点移位下保持不变,那么它要么具有式(4.02)的形式,要么是这种形式的算子序列的极限**。例如,当具有这些属性的算符作用在 $f(t)$ 上时,$f'(t)$ 即是其结果。并且

$$f'(t)=\lim_{\epsilon\to 0}\int_0^\infty \frac{1}{\epsilon^2}a\left(\frac{\tau}{\epsilon}\right)f(t-\tau)d\tau \tag{4.08}$$

其中

$$a(x)=\begin{cases}1 & 0\leqslant x<1\\ -1 & 1\leqslant x<2\\ 0 & 2\leqslant x\end{cases} \tag{4.09}$$

正如我们前面看到的那样，函数 e^{zt} 是函数 $f(t)$ 的一个集合，从算符(4.02)的观点看，这一点特别重要，因为

$$e^{z(t-\tau)}=e^{zt}\cdot e^{-z\tau} \tag{4.10}$$

而延迟算符则变成一个仅依赖于 z 的乘子。由此算符(4.02)变成

$$e^{zt}\int_0^{\infty}a(\tau)e^{-z\tau}d\tau \tag{4.11}$$

它也是一个仅依赖于 z 的乘法算子。表示式

$$\int_0^{\infty}a(\tau)e^{-z\tau}d\tau=A(z) \tag{4.12}$$

称作**算符**(4.02)作**为频率函数**的表示。如果 z 是复数 $x+iy$，其中 x，y 都是实数，则这个表示式变为

$$\int_0^{\infty}a(\tau)e^{-x\tau}e^{-iy\tau}d\tau \tag{4.13}$$

因此，由著名的施瓦茨积分不等式，如果 $y>0$，且

$$\int_0^{\infty}|a(\tau)|^2d\tau<\infty \tag{4.14}$$

我们有

$$|A(x+iy)|\leqslant\left[\int_0^{\infty}|a(\tau)|^2d\tau\int_0^{\infty}e^{-2x\tau}d\tau\right]^{½}$$

$$=\left[\frac{1}{2x}\int_0^{\infty}|a(\tau)|^2d\tau\right]^{½} \tag{4.15}$$

101 这表明,在每个半平面 $x \geqslant \varepsilon > 0$ 上,$A(x+iy)$是复变量的有界全纯函数,而函数 $A(\mathrm{i}y)$则在某种意义上表示这个函数的边界值。

我们令

$$u + iv = A(x + iy) \tag{4.16}$$

其中 u 和 v 是实数。$x+iy$ 将作为$u+iv$ 的(未必单值的)函数而确定。除了与满足 $\partial A(z)/\partial z = 0$ 的 $x+iy$ 点相对应的$u+iv$ 点之外,这个函数是解析的,虽然是亚纯的。边界 $x=0$ 将变成满足下列参数方程的曲线:

$$u + iv = A(iy) \qquad (y\ 实数) \tag{4.17}$$

这条新曲线可以自相交任意多次。但一般来说它会将平面分成两个区域。让我们沿 y 从 $-\infty$ 到 ∞ 的方向来观察该曲线[式(4.17)]。于是,如果我们离开式(4.17)向右走,并且是沿着一条不与式(4.17)相交的连续曲线行走,我们可以到达这样一些点。这些点既不在这个集合内,也不在式(4.17)上,我们称之为**外点**。曲线(式 4.17)包含这些外点的极限点的那一部分我们称之为**有效边界**。所有其他的点都被称为**内点**。因此,在图 1 中,带箭头的线表示边界,阴影部分表示内点,粗实线表示有效边界。

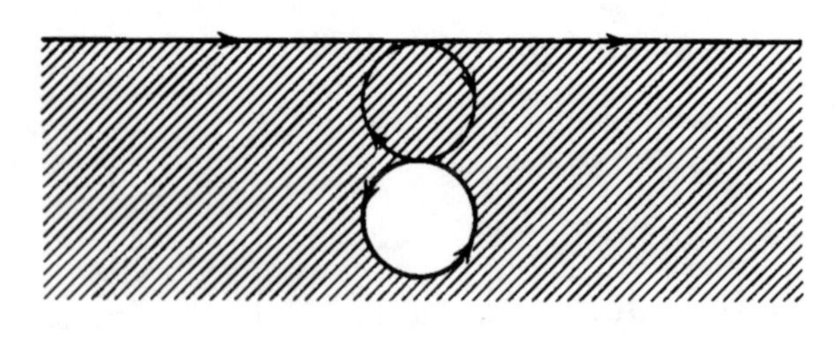

图 1

因此条件"A 在任何右半平面上有界"将告诉我们,**无穷远点不可**

能是内点。它可以是一个边界点，尽管对这种类型的边界点的性质有非常明确的限制。这些限制涉及趋向无穷远的内点点集的"厚度"。

现在我们来讨论线性反馈问题的数学表达式。令这个系统的控制流程图——不是线路图——如图2所示。 102

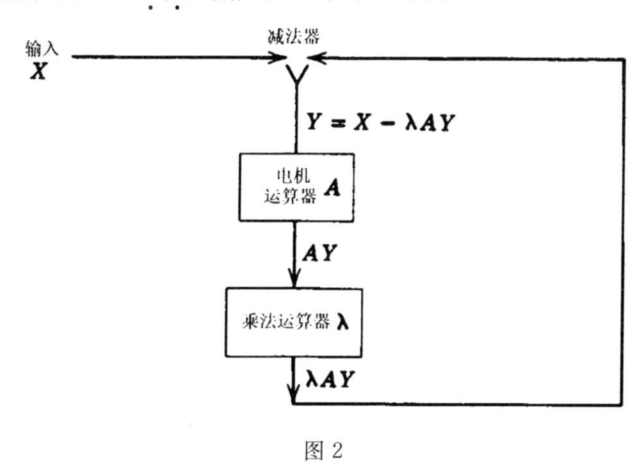

图2

这里电机的输入是 Y，它是初始输入 X 与乘法器的输出之差，后者将电机功率输出 AY 乘上一个因子 λ。因此，

$$Y = X - \lambda AY \tag{4.18}$$

故有

$$Y = \frac{X}{1 + \lambda A} \tag{4.19}$$

因此电机输出为

$$AY = X\frac{A}{1 + \lambda A} \tag{4.20}$$

整个反馈机制产生的算符因此为 $A/(1+\lambda A)$。这个算符当且仅当 $A=-1/\lambda$ 时为无穷大。对于这个新算符,式(4.17)将变成

$$u+iv=\frac{A(iy)}{1+\lambda A(iy)} \tag{4.21}$$

当且仅当 $-1/\lambda$ 是式(4.17)的内点时,∞才是它的内点。

在此情形下,一个带乘数 λ 的反馈肯定会产生某种灾难,事实上,这种灾难就是系统进入一种失去控制、振幅迅速增大的振荡状态。另一方面,如果点 $-1/\lambda$ 是外点,那么我们可以证明,此时将不存在任何困难,反馈是稳定的。如果 $-1/\lambda$ 处于有效边界上,103 那就需要做更详细的讨论。在大多数情况下,系统可能会进入一种振幅不增大的振荡。

我们不妨考虑几个算符 A 和它们可接受的反馈范围。我们不仅要考虑式(4.02)的运算,还要考虑它们的极限,假设前述论点也适用于这些算符。

如果算符 A 是一个微分算符,$A(z)=z$,当 y 从 $-\infty$ 到 ∞ 时,$A(y)$ 同样如此,并且内点都是右半平面内的点。点 $-1/\lambda$ 总是外点,任何大小的反馈量都是可能的。如果

$$A(z)=\frac{1}{1+kz} \tag{4.22}$$

则曲线[式(4.17)]是

$$u+iv=\frac{1}{1+kiy} \tag{4.23}$$

或

$$u=\frac{1}{1+k^2y^2},\quad v=\frac{-ky}{1+k^2y^2} \tag{4.24}$$

我们可以将它写成

$$u^2+v^2=u \tag{4.25}$$

这是一个半径为 1/2 的圆,中心在 (1/2, 0)。它表示这个圆按顺时针方向转动,内点就是我们通常认为处在内部的那些点。同样,在此情形下,可允许的反馈是没有限制的,因为 $-1/\lambda$ 总是在圆外。与此算符相对应的 $a(t)$ 为

$$a(t)=e^{-t/k}/k \tag{4.26}$$

再次令

$$A(z)=\left(\frac{1}{1+kz}\right)^2 \tag{4.27}$$

于是式(4.17)变为

$$u+iv=\left(\frac{1}{1+kiy}\right)^2=\frac{(1-kiy)^2}{(1+k^2y^2)^2} \tag{4.28}$$

即

$$u=\frac{1-k^2y^2}{(1+k^2y^2)^2},\quad v=\frac{-2ky}{(1+k^2y^2)^2} \tag{4.29}$$

由此得到

$$u^2+v^2=\frac{1}{(1+k^2y^2)^2} \tag{4.30}$$

或 104

$$y=\frac{-v}{(u^2+v^2)2k} \tag{4.31}$$

于是

$$u=(u^2+v^2)\left[1-\frac{k^2v^2}{4k^2(u^2+v^2)^2}\right]=(u^2+v^2)-\frac{v^2}{4(u^2+v^2)} \tag{4.32}$$

在极坐标系下,令 $u=\rho\cos\phi$, $v=\rho\sin\phi$ 上式变成

$$\rho\cos\phi=\rho^2-\frac{\sin^2\phi}{4}=\rho^2-\frac{1}{4}+\frac{\cos^2\phi}{4} \tag{4.33}$$

或

$$\rho-\frac{\cos\phi}{2}=\pm\frac{1}{2} \tag{4.34}$$

即

$$\rho^{1/2}=-\sin\frac{\phi}{2},\quad \rho^{1/2}=\cos\frac{\phi}{2} \tag{4.35}$$

可以证明,这两个方程只代表一条曲线,一条顶点在原点、尖点指向右边的心脏线。这条曲线的内部不包含负实轴的点,并且和前面的情形一样,容许的放大倍数是无限的。这里算符 $a(t)$ 为

$$a(t)=\frac{t}{k^2}e^{-t/k} \tag{4.36}$$

令

$$A(z)=\left(\frac{1}{1+kz}\right)^3 \tag{4.37}$$

并令 ρ 和 ϕ 定义如前例,于是

$$\rho^{1/3}\cos\frac{\phi}{3}+i\rho^{1/3}\sin\frac{\phi}{3}=\frac{1}{1+kiy} \tag{4.38}$$

如同第一个例子,由此我们得到

$$\rho^{2/3}\cos^2\frac{\phi}{3}+\rho^{2/3}\sin^2\frac{\phi}{3}=\rho^{1/3}\cos\frac{\phi}{3} \tag{4.39}$$

即

$$\rho^{1/3}=\cos\frac{\phi}{3} \tag{4.40}$$

105 该曲线形状见图 3。阴影区域表示内点所在区域。所有系数

超过 1/8 的反馈都是不可能的。相应的 $a(t)$ 为

$$a(t)=\frac{t^{2}}{2k^{3}}e^{-t/k} \tag{4.41}$$

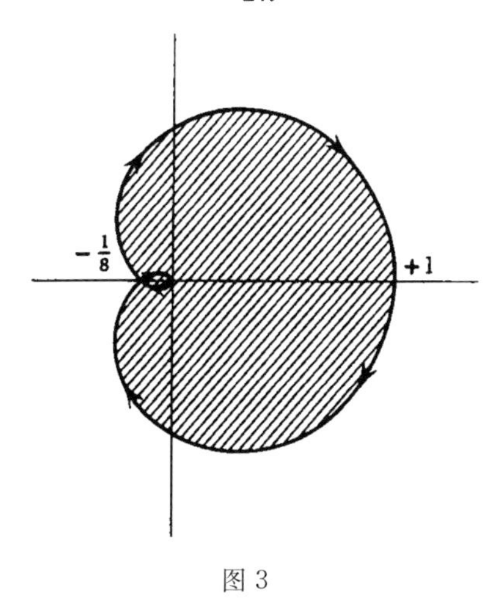

图 3

最后，设算符 A 为简单的时间延迟 T 个单位。于是

$$A(z)=e^{-Tz} \tag{4.42}$$

故有

$$u+iv=e^{-Tiy}=\cos Ty-i\sin Ty \tag{4.43}$$

曲线（方程式 4.17）是一个以原点为圆心的单位圆，表示以单位速度沿顺时针方向转动。该曲线的内部是一般意义上的内部，反馈强度的极限是 1。

从中可以得出一个非常有趣的结论。我们可以用任意强的反馈来补偿算符 $1/(1+kz)$，由此可知：对于任意大的频率范围，$A/(1+\lambda A)$ 都将任意接近于 1。这样，通过二次甚至两次连续反

106 馈就可以补偿这种三个连续算符。但对于算符 $1/(1+kz)^3$——三个算符 $1/(1+kz)$ 级联的结果——我们就不可能用单次反馈来做到任意接近的补偿。算符 $1/(1+kz)^3$ 也可以写成

$$\frac{1}{2k^2}\frac{d^2}{dz^2}\frac{1}{1+kz} \qquad (4.44)$$

我们可以将其看作三个具有一次分母的算符的加法组合的极限。由此看来,对于不同算符的和,尽管其中每一个都可以用单次反馈来任意补偿,但这个和本身却不能用单次反馈来任意补偿。

麦科尔在其重要著作中给出一个由两次反馈而非单次反馈来稳定的复杂系统的例子。考虑用罗盘来确定船的航向。舵手设定的航向与罗盘指示的航向之间角度差是舵需要转向的量,这个转动量在船的前进方向上产生一个转矩,使船以减小这个偏差角的方式来改变航向。如果这个操作是由舵机以这样一种方式来完成的:直接打开舵机的一个阀门并关闭另一个阀门,使舵机的转向速度与船的偏航度成正比,那么我们将注意到,舵的角位置大致正比于船的转矩,从而也正比于其角加速度。因此,船转向的量与偏航度的三阶微商的负值成正比,而我们必须通过罗盘的反馈来致稳的操作算符是 kz^3,这里 k 是正数。由此我们得到曲线[式(4.17)]

$$u+iv=-kiy^3 \qquad (4.45)$$

而且,由于左半平面是内部区域,因此没有任何伺服机构能够稳定这个系统。

在上述考虑中,我们对船的转向问题有点过于简单化了。实际上舵的运动有一定的摩擦力,因而改变航向的力并不能决定船的角加速度。相反,如果 θ 是船的角位置,ϕ 是舵相对于船的偏差

角，则我们有

$$\frac{d^2\theta}{dt^2} = c_1\phi - c_2\frac{d\theta}{dt} \tag{4.46}$$

和

$$u + iv = -k_1 iy^3 - k_2 y^2 \tag{4.47}$$

这个曲线可写成

107

$$v^2 = -k_3 u^3 \tag{4.48}$$

它仍然不可能由任何反馈来稳定。因为当 y 从 $-\infty$ 到 ∞ 时，u 从 ∞ 到 $-\infty$，曲线的**内部**都在左边。

另一方面，如果舵的**角位置**正比于偏航度，那么可以用反馈来致稳的操作算符是 $k_1z^2 + k_2z$，式(4.17)变成

$$u + iv = -k_1 y^2 + k_2 iy \tag{4.49}$$

这条曲线可以写成

$$v^2 = -k_3 u \tag{4.50}$$

但在这种情况下，当 y 从 $-\infty$ 到 ∞ 时，v 同样是从 $-\infty$ 到 ∞，曲线是从 $y = -\infty$ 到 $y = \infty$。在这种情况下，曲线的**外侧**在左边，并且放大可以是无限的。

要做到这一点，我们可以采用另一级反馈。如果我们不是按实际航向与所需航向之间的偏差，而是按这个量与舵的角位置之间的**差值**来调节舵机的阀门位置，那么我们就能保持舵的角位置精确正比于船的真实偏航度，只要我们能有足够大的反馈——即只要我们将阀门开得足够大。实际上，采用罗盘自动驾驶的船舶通常采用的就是这种双重反馈控制系统。

在人体中，手或手指的运动包含大量关节系统。其输出是所

有这些关节的输出的矢量和。我们已经看到,一般来说,像这样的复杂的加性系统不可能通过单次反馈来稳定。就是说,用以调节任务执行情况的随意反馈还需要其他反馈的支持。这里随意反馈对执行情况的调节是通过对未完成任务的量的观察来进行的。这里所说的其他反馈称作姿态反馈,它们与肌肉系统的健康状况的维持有关。随意反馈在小脑损伤情况下会表现出失控或变得错乱的倾向,但随之而来的震颤未必显现,除非病人试图执行某种随意性任务。这种目的性震颤,例如患者无法毫不泼洒地端着一杯水,性质上与帕金森震颤(或称为震颤麻痹)非常不同。帕金森震颤最108 典型的表现是在病人休息时,当他试图执行一项特定任务时,他通常表现得非常镇定。有些患有帕金森综合征的外科医生能够非常有效地主刀手术。众所周知,帕金森病并非起源于小脑的病变,而是与脑干某处的病理性病灶有关。它只是一种姿态反馈方面的疾病,很多这类疾病都是源于神经系统不同部位的缺陷。生理学控制论的一个重要任务就是要将这种随意反馈与姿态反馈复合结构的不同部位理清楚并隔离开来。搔反射和步行反射就是这种合成反射的例子。

当反馈不仅可能而且稳定时,其优势——正如我们已经说过的——是工作过程弱化了对负载的依赖性。我们来考虑负载使特性 A 改变了 $\mathrm{d}A$ 的情形。它引起的相对变化率是 $\mathrm{d}A/A$。如果反馈后的算符为

$$B = \frac{A}{C + A} \tag{4.51}$$

我们有

$$\frac{dB}{B} = \frac{-d\left(1 + \frac{C}{A}\right)}{1 + \frac{C}{A}} = \frac{\frac{C}{A^2}dA}{1 + \frac{C}{A}} = \frac{dA}{A}\frac{C}{A + C} \qquad (4.52)$$

因此，反馈有助于减少系统对电机特性的依赖性，并使系统稳定，因为对所有频率都有

$$\left|\frac{A + C}{C} > 1\right| \qquad (4.53)$$

这就是说，内点和外点之间的整个边界都必将处在半径为 C、圆心在 $-C$ 点的圆内。在我们讨论过的第一个案例中，这甚至都不是真的。一个强的负反馈，如果它是稳定的，则其效果将是提高了系统低频的稳定性，但通常这是以牺牲某些高频的稳定性为代价的。在许多情况下，即使这种程度的稳定性也是有利的。

因过量反馈引起振荡所带来的一个非常重要的问题是初期振荡的频率。这个频率由 iy 中的 y 的值确定，这里 iy 对应于式 (4.17) 中处于负 u 轴最左端的内部和外部区域边界点。量 y 自然是一个具有频率性质的量。 109

我们已经到了要结束从反馈的角度对线性振荡的基本讨论的时候了。线性振荡系统具有某些非常特殊的性质，它们刻画了该振荡。一是当它振荡时，它总能够且一般取如下振荡形式（不存在其他独立的同时振荡）：

$$A\sin(Bt + C)e^{Dt} \qquad (4.54)$$

周期性非正弦振荡的存在至少是表明，观察到的变量是非线性系统下的量。在某些情况下（但这种情况出现得极少），系统可以通过选择新的独立变量来再次呈现为线性。

线性与非线性振荡之间的另一个重要区别是,前者的振荡幅度完全独立于频率;而在后者中,对应于给定频率的振荡通常只有一个振幅,或至多是一组离散的振幅,这时系统将以一组离散的频率振荡。这一点通过对管风琴内所发生的情形进行研究可以很好予以说明。描述管风琴的理论有两种——较粗糙的线性理论和较精确的非线性理论。在前者,风琴管被当作一个保守系来处理。没人过问风琴管是如何产生振荡的,振荡的幅度是完全不确定的。在第二种理论中,风琴管的振荡被认为是一种能量耗散过程,这种能量被认为源于空气流过管口。理论上确实存在一个流经管口的稳态气流,它不与管内的任何振荡模式交换能量。但在某些气流速度下,这种稳态条件是不稳定的。稍有偏差,输入的能量就会被引入管子的一种或多种线性振荡的自然模式;这种能量大到一定程度后,这种气流运动实际上便会增大管子的本征振荡模式与输入能量之间的耦合。能量输入速率与热耗散或其他过程引起的能量输出速率有不同的增长规律,但要达到稳定的振荡状态,这两个量就必须相等。因此,非线性振荡的振幅与其频率一样是明确确定的。

110　我们上面研究的情形是所谓弛豫振荡的一个例子。所谓张弛振荡是这样一种情形,对时间平移保持不变的方程组给出时间上的周期解——或相应于某种广义的周期概念,并确定了振幅和频率,但相位不定。在我们前述所讨论的情形下,系统的振荡频率接近于系统本征振荡的一些松散耦合的近似线性部分。研究弛豫振荡的主要权威之一范德波尔(B. van der Pol)曾指出,情况并非总是如此,实际上有些弛豫振荡的主频率并不接近系统的任何部分的线性振荡频率。这样的一个例子是,将煤气通入一个燃有一盏指示灯的空气室。当空气中煤体的浓度达到某一临界值时,系统随时都可能在指示灯点火下发生爆炸。发生这一切所需的时间只取决于煤气的流量率、空气渗透率和燃烧产物渗出率,以及煤气与空气形成的爆炸性混合物的成分百分比。

一般来说,非线性方程组很难求解。但有一种特别容易处理的情形。在此情形下的系统与线性系统只是稍有区别,而且区分它们的那些项变化得太慢,以至于在振荡周期内这些项可以看成是基本恒定的。在此情形下,我们可以像研究带缓变参数的线性系统那样来研究非线性系统。可以用这种方式来研究的系统称为久期微扰系统。在引力波天文学中,这种久期微扰理论起着重要作用。

完全有可能将一些生理学上的震颤大致看成是久期微扰线性系统来加以处理。在这样一个系统中,我们可以清楚地看出为什么稳态振幅水平可以像频率一样是确定的。假设这种系统中的某个元件是放大器,其增益随这种系统的输入的长时间平均值的增加而减小。于是,随着系统振荡的确立,增益就会降低到达到平衡状态为止。

希尔和庞加莱开发的研究方法[①]已被用于研究某些情况下的非线性系统的张弛振荡。对这种振荡的研究的经典案例是那些其方程组具有不同性质的系统;特别是那些低阶微分方程组系统。 111

① Poinçaré, H., *Les Méthodes Nouvelles de la Mécanique Céleste*, Gauthier-Villars et fils, Paris, 1892 - 1899.

据我所知,当系统的未来行为依赖于其全部过去的行为时,对相应的积分方程还没有得到充分的研究。但我们不难勾画出这种理论所应采取的形式,特别是当我们只寻求周期解时。在这种情况下,对方程的常数的微调应导致运动方程的轻微的,因而近乎线性的修正。例如,令 $Op[f(t)]$ 为 t 的函数,它是由对 $f(t)$的非线性运算产生的,并且受平移的影响。于是,与 $f(t)$的变分 $\delta f(t)$对应的 $Op[f(t)]$ 的变分 $\delta\, Op[f(t)]$ 和系统动力学的已知变化,对 $\delta f(t)$的关系是线性的但不是齐次的,虽然它对 $f(t)$不是线性的。如果现在我们知道了

$$Op[f(t)] = 0 \tag{4.55}$$

的解 $f(t)$,并且我们改变该系统的动力学,我们便得到了 $\delta f(t)$ 的线性非齐次方程。如果

$$f(t) = \sum_{-\infty}^{\infty} a_n e^{in\lambda t} \tag{4.56}$$

且 $f(t) + \delta f(t)$也是周期性的,并具有形式

$$f(t) + \delta f(t) = \sum_{-\infty}^{\infty} (a_n + \delta a_n) e^{in(\lambda + \delta\lambda)t} \tag{4.57}$$

则有

$$\delta f(t) = \sum_{-\infty}^{\infty} \delta a_n e^{i\lambda nt} + \sum_{-\infty}^{\infty} a_n e^{i\lambda nt} in\delta\lambda t \tag{4.58}$$

$\delta f(t)$的线性方程组的所有系数都可展开成 $e^{i\lambda nt}$ 的级数,这是因为 $f(t)$本身就可以展开成这种形式的级数。因此我们将得到一个由无穷多个关于 $\delta a_n + a_n$, $\delta\lambda$ 和 λ 的方程组成的线性非齐次方程组,这个方程组可以用希尔的方法求解。在此情形下,至少可以想象,从一个线性(非齐次)方程出发,通过逐步移位约束条件,

我们可以得到张弛振荡的非线性问题的一个非常一般的解。但这项工作还有待于未来去完成。

在一定程度上,本章讨论的控制反馈系统和前一章讨论的补偿系统都是竞争对手。它们都能将效应器复杂的输入输出关系转 112 化为近似简单比例的形式。正如我们所看到的,反馈系统不止于此,其性能相对独立于所用效应器的特性和特性变化。因此这两种控制方法的相对有用性取决于效应器特性的恒定性。我们很自然会设想,最有利的做法是将这两种方法结合起来。组合的方法有很多种。最简单的一种如图4所示。

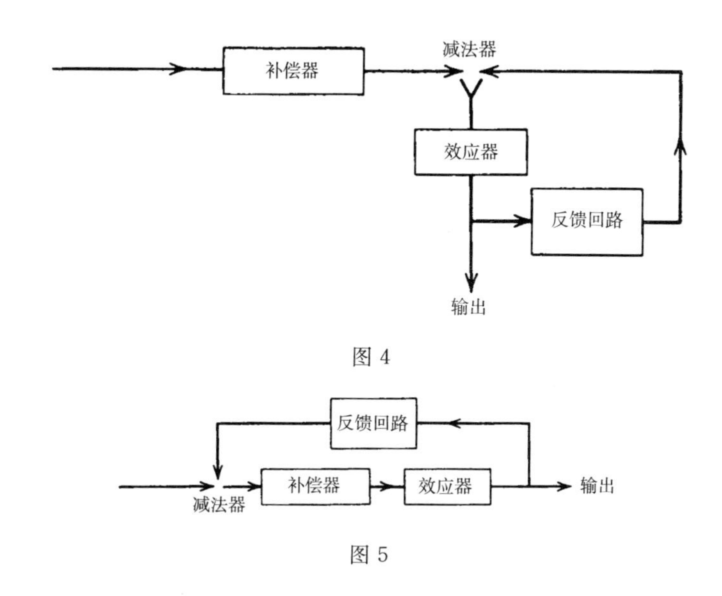

图4

图5

在这里,整个反馈系统可以被认为是一个更大的效应器,这样,除了补偿器必须被安排用来补偿在某种意义上表示反馈系统的平均特性的那个量之外,并没有多少新东西。另一种安排如图5所示。

在这里,补偿器和效应器组合成一个较大的效应器。这种安排通常会改变可接受的最大反馈量,但要想看出反馈量是如何获得相当大程度的提高通常并不容易。另一方面,对于相同的反馈水平,这种安排无疑将提高系统的性能。例如,如果效应器具有明显的滞后特性,那么补偿器就将是一个预测器或预报器,设计用来对输入的统计系综进行预测。这样的反馈我们可以称之为预测反馈,它往往起着加速效应器动作的作用。

113　这种普遍类型的反馈肯定存在于人类和动物的反应。当我们去野外猎禽时,我们需要尽量减少的误差不是枪口的位置与目标的实际位置之间的误差,而是枪口位置与目标的预期位置之间的误差。任何防空火控系统都必然面临同样的问题。预测反馈的稳定性条件和有效性条件,还需要有比现今更深入的讨论。

反馈系统的另一个有趣的变种可举在结冰的路面上驾驶汽车的方式为例。我们的驾驶行为完全取决于我们对路面滑溜程度的认知,即取决于对车-路系统的性能特点的把握。如果我们等着由系统的正常运行来发现这一点的话,我们将会发现已陷入了困境。于是我们给方向盘一连串小而快的冲力,它们不足以让汽车发生大的滑移,但又足以向我们的动觉神经报告汽车是否处于打滑的危险,我们就是根据这些信息来调整我们的驾驶方式。

我们可称这种控制方法叫**信息反馈控制**,这种控制方法不难用一种机械形式来说明,而且值得付诸实践。我们有一个与效应器配套的补偿器,这个补偿器有一种可以从外部予以调节的特性。

我们在输入消息上叠加一个弱的高频输入，然后在效应器的输出信号里提取出同样的高频输出部分，并用适当的滤波器将输出的其余部分滤掉。为了获得效应器的性能特征，我们研究了高频输出对输入的幅度-相位关系。在此基础上，我们适当修正了补偿器的特性。系统的流程图如图 6 所示。

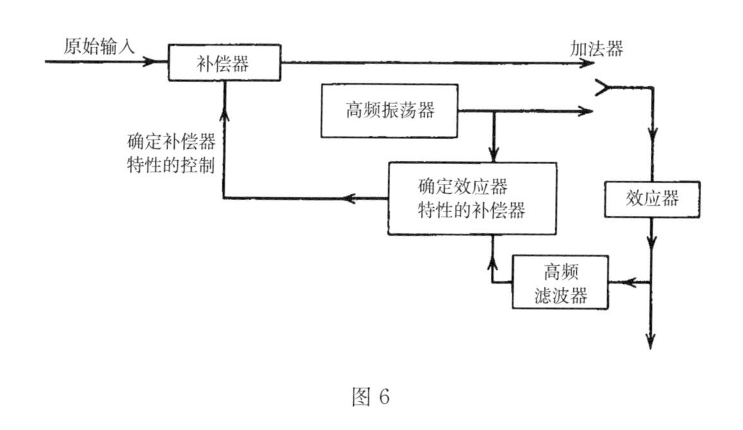

图 6

这种类型反馈的优点是：可以通过调节补偿器使得它对每一类型恒定负载都是稳定的；而且，如果负载特性的变化与原始输入的变化相比足够慢（即前述的久期方式），且负载条件的读出是准确的，那么系统就不会有进入振荡的趋势。像这样的负载以久期方式变化的情形有很多。例如，炮塔的摩擦载荷取决于润滑脂的硬度，而这又取决于温度，但这个硬度在炮塔的几次转动中不会有明显的变化。

当然，只有当负载在高频下的特性与在低频下的特性相同或前者能够很好地由后者来表示时，这种信息反馈才会起作用。这 114

种情形大多是在负载的特性,从而效应器的特性,包含相对少量的可变参数时才是对的。

这种信息反馈和我们给出的带补偿的反馈的例子只是非常复杂的理论里的特例,这个理论尚未得到充分研究。整个领域正在迅速发展。我们期望在不久的将来它能受到更多的关注。

在结束本章之前,我们不应忘记反馈原理的另一项重要的生理学应用。在很多情形下,某种形式的反馈不仅在生理现象中可以找到大量例证,而且对生命的延续也是绝对必要的,这就是所谓的"稳态"(homeostasis)。高等动物的生命——尤其是健康的生命——能够继续下去的条件是相当狭窄的。体温有半个摄氏度的变化通常便是疾病的征兆,5℃的永久变化则几乎不可能维持生命。血液的渗透压及其氢离子浓度必须保持在严格限度内。体内的废物在其毒性浓度上升之前就必须排出体外。除了这些,我们的白细胞和化学抗感染防御作用必须保持在适当的水平;我们的心率和血压不能太高也不能太低;我们的性欲周期必须符合种族繁殖的需要;我们的钙代谢水平必须既不使我们的骨骼疏松,也不使我们的组织钙化等等。简言之,我们的内部机体必须是一个包含恒温器、氢离子浓度自动控制装置、调速器等功能单元的系统,它相当于一个大型化工厂。这些功能集合起来就是我们所称的稳态机制。

我们的稳态反馈与我们的随意反馈和姿态反馈有一个总的区别:前者往往较慢。在稳态反馈下很少会发生——甚至在大脑缺血的情形下也不会发生——在几分之一秒的时间内就造成严重的或永久性损伤这样的情形。因此,稳态过程所涉及的神经纤维——交感神经系统和副交感神经系统——通常是无髓鞘的。众所周知，无髓鞘纤维的传输速度要比有髓鞘纤维慢得多。典型的稳态效应器(例如平滑肌和腺体)比起典型的随意活动和姿态活动效应器(例如横纹肌)，动作上也同样慢很多。许多有关稳态系统的信息是由非神经通道传输的。这些非神经通道包括心肌纤维的直接吻合，或如激素、血液中的二氧化碳含量等这样的化学物质。除了心肌的情形，这些通道的传输速率通常也要比有髓鞘的神经纤维慢。

任何一本关于控制论的完整教材都应包含对稳态过程的深入细致的讨论。许多个案已在一些文献中有详细讨论。[①] 然而，本书只能说是对这一主题的一个介绍，远谈不上简明的论述。有关稳态过程的理论涉及详细的普通生理学知识，这些知识超出了本书范围。

---

① Cannon, W., *The Wisdom, of the Body*, W. W. Norton & Company, Inc., New York, 1932; Henderson, L. J., *The Fitness of the Environment*, The Macmillan Company, New York, 1913.

第5章　计算机和神经系统

116　计算机器本质上是一种用来记录数字、用数字运算并以数值形式给出结果的机器。它的相当大的一部分花费，无论是就资金而言还是就建造工作量而言，都涉及如何清晰而准确地记录数字这一简单问题。最简单的做法似乎是用一个刻度均匀、上面带有可移动指针的量尺来记录。如果我们希望以 $1/n$ 的精度来记录某个数，我们必须保证指针在尺的每个区域都能以这个精度指向所需的位置。也就是说，对于信息量 $\log_2 n$，我们必须让指针以这个精度移动来完成每个部分的测量，这个记录的成本将取 An 的形式，这里 A 是一个偏离常数不太远的数。更确切地说，因为若 $n-1$ 个区域都已精确地确立，那么其余的区域也将精确地确定，因此记录信息量 I 的成本大致为

$$(2^I - 1)A \tag{5.01}$$

现在让我们将这个信息分摊在两把尺上，且每把尺子的刻度都不那么精确。这时记录这些信息的成本将是

$$2(2^{\frac{I}{2}} - 1)A \tag{5.02}$$

如果信息是分摊在 N 把尺子上，那么记录这些信息的成本将是

$$N(2^{\frac{I}{N}} - 1)A \tag{5.03}$$

这个量在

117

$$2^{\frac{I}{N}} - 1 = \frac{I}{N} 2^{\frac{I}{N}} \log 2 \qquad (5.04)$$

时有最小值,或者如果我们令

$$\frac{I}{N} \log 2 = x \qquad (5.05)$$

那么当

$$x = \frac{e^{x} - 1}{e^{x}} = 1 - e^{-x} \qquad (5.06)$$

时,当且仅当 $x = 0$ 或 $N = \infty$ 时这个量才有极小值。也就是说,N 应取得尽可能的大,才能提供存储信息的最低成本。我们应记住,$2^{\frac{I}{N}}$ 必须是一个整数,而且不等于 1,因为如果 $2^{\frac{I}{N}} = 1$,这将意味着我们有无穷多把尺子,并且每一把都不含任何信息。$2^{\frac{I}{N}}$ 的最有意义的取值是 2,在此情形下,我们是用多个独立的尺子来记录数字,而且每一把都分成相等的两部分。换句话说,我们是用很多把二进制的尺子来代表数,在这些尺子上,我们只需知道某个量是处在尺子的两个相等部分的这半边还是那半边,并且一个观察量不能确定落在尺子的哪一边的概率可以说小到可以忽略不计。换句话说,一个数 v 可以表示成

$$v = v_0 + \frac{1}{2} v_1 + \frac{1}{2^2} v_2 + \cdots + \frac{1}{2_n} v_n + \cdots \qquad (5.07)$$

这里每一个 v_n 不是 1 就是 0。

目前存在两大类计算机:一类是像布什微分分析器[①]那样的

① 散见于 1930 年以来的各期《富兰克林研究所杂志》(*Journal of the Franklin Institute*)上的论文。

所谓模拟机,其中的数据由某种连续变化的刻度值来表示,因此机器的精度取决于计量器具的加工精度;另一类是那些像普通的台式加法器和乘法器的机器,我们称之为数值计算机,其中的数据是由众多可能事件的一组选择来表示,其精度取决于这些可能事件之间可分辨的明晰度、每次选择时可供挑选的可能事件的数目以及给定的选择次数。我们看到,对于需要高精度的工作,采用数值机器无论怎样都是可取的,尤其是采用二进制的数值机器,因为在118 这种机器上,每一次供选择的可能方案数都是2。我们之所以使用十进制计算机仅仅是因为历史的偶然,基于我们的10个手指建立起来的十进制计数早在印度人发现零的重要性和位置记号系统的优势之前就已采用。这种计算机值得保留,是因为借助于这种机器的大部分工作包括了以传统的十进制数值形式录入给机器,并且读出的数字也是以相同的常规形式给出的。

事实上,这正是银行、商业办公室和许多统计实验室中日常使用的普通台式计算机。但它不是更大的和更自动化的机器应采用的方式。一般来说,任何计算机之所以得到运用,是因为机器比手算快得多。在计算方法的组合运用中,如同在化学反应的组合一样,整个系统的时间常数的量级由最慢的部分决定。因此,除非在一开始和结束时绝对不可避免地需要引入它,在复杂的计算链中尽可能地去除人为因素是有好处的。为此,我们需要有一种可以用来改变计数制的工具,它只在计算链的最初和最终时使用,而在计算的所有中间过程中均采用二进制。

因此,理想的计算机必须在一开始就输入所有数据,并且必须在结束之前尽可能地避开人为干扰。这意味着我们不仅必须在开始时输入数值数据，而且还要将所有关于数据组合的规则以指令的形式输入机器，以覆盖计算过程中可能出现的每一种情形。因此，计算机不仅是一种算术机器，还必须是一种逻辑机器，必须按照系统的算法将各种可能的事件组合起来。虽然用于组合可能事件的算法有许多种，但其中最简单的算法称为逻辑代数或布尔代数。如同二进制算术一样，这种算法也是基于二分法，即以“是”与“否”的选择，以及在类中和不在类中的选择为基础。这种系统较其他系统优越的理由与二进制算法较其他算法优越的理由是一样的。

因此，所有放入机器的数据，无论是数值的还是逻辑的，都是采用两个备选方案二选一的选择集合的形式，而对数据的所有运算也都采用依赖于旧选择的一组新选择的形式。当我将两个一位数 A 和 B 相加时，我得到了一个两位数。如果 A 和 B 都是1，那么这个两位数的第一位就是1，否则是0。如果 $A \neq B$，则第二位数字是1，否则是0。多位数的加法遵循类似的规则但更复杂。二进制系统中的乘法如十进制一样，可以简化为乘法表和加法运算，二进制数的乘法法则有着如下表所给出的特别简单的形式： 119

×	0	1
0	0	0
1	0	1

(5.08)

因此，二进制乘法就是一种由给定的一组旧数字来确定一组新数字的方法。

在逻辑方面，如果0代表否定的判断，1代表肯定的判断，那么每个算子都可以从以下3种运算导出：**否运算**，将1变成0，将0

变成1;逻辑加法,如下表

$\oplus$	0	1
0	0	1
1	1	1

(5.09)

和逻辑乘法,其乘法表同(1, 0)系统的数值乘法表相同,即

$\odot$	0	1
0	0	0
1	0	1

(5.10)

也就是说,机器运行中可能出现的每一种事件都是在已作出的决定的基础上,根据一套固定规则在1和0之间做出一组新的选择。换言之,机器的结构是由一组继电器组成的,每个继电器只能处在两种状态"开"和"关"中的一个;而在每一步运算中,各继电器的状态假定都由每部分或所有继电器在前一步运算时的状态决定。这些运算步骤可由某个或某些个中央时钟来精确"对时",或者设法使每个继电器的动作保持不变,直到所有在该过程中动作较早的继电器都完成了所要求的所有步骤后再动作。

120 计算机中使用的继电器可以具有非常不同的特性。它们可以是纯机械的,也可以是机-电型的,例如螺线管继电器就是这种情形,其电枢保持在两个可能的平衡位置中的一个,直到适当的输入脉冲将其拉到另一边。它们可以是有两个不同平衡位置的纯粹的电气系统,既可以采取充气管的形式,也可以采取响应更快的高真空管的形式。继电器系统的两种可能状态在没有外部干扰时可能都是稳定的,或者只有一种是稳定的,另一种可能是暂态的。在第二种情形下(在第一种情况下通常也是如此),最好是有一个特殊

装置用来保存在将来某个时刻需要动作的脉冲，以避免系统因某个继电器不停地重复动作所造成的堵塞。稍后我们还将对这个关于记忆的问题做更多的讨论。

一个值得注意的事实是，人类和动物的神经系统——众所周知，它们能够从事计算系统的工作——包含非常适合作为继电器起作用的要素。这些要素就是所谓的**神经元**或神经细胞。虽然它们在电流的影响下会表现出相当复杂的特性，但其通常的生理功能非常接近于“全或无”的原理。也就是说，它们要么在休息，要么在“放电”后经历一系列几乎与刺激的性质和强度无关的变化。首先是一个活跃阶段，刺激引起的兴奋从神经元的一端以一定速度传送到另一端，其后是一个不应期，在此期间神经元不对刺激做出响应，或至少是不对正常的、生理过程的刺激做出响应。在这个有效的不应期结束后，神经仍维持不活跃状态，但在受到刺激时可以被再次激活。

因此，神经可以被看作一种继电器，它基本上具有两种活动状态：放电和响应。除了那些位于游离末梢或感官末端接收消息的神经元之外，每一个神经元都是从称之为**突触**的接触点来接受其他神经元传递的消息。对于给定的传出神经元，这些突触的数目从几个到几百个不等。正是各个突触上传入脉冲的状态，结合传出神经元本身的前状态，决定了该神经元是否会放电。如果它既未放电亦非不应，并且在很短的一段融合时间间隔内，“放电”的传入突触的数量超过某一阈值，那么该神经元在已知的、相当恒定的突触延迟后就会放电。

121

这个图像也许过于简单化了：“阈值”可能不仅仅取决于突触

的数量,而且取决于它们的“权重”以及它们彼此之间相对于要馈入的神经元的几何关系。有非常有说服力的证据表明,存在一种性质不同的突触,即所谓的“抑制突触”。这种突触要么完全抵制传出神经元的放电,要么至少提高了传出神经元对普通突触刺激的阈值。然而有一点十分清楚,对于与一个给定神经元有突触联系的各传入神经元,作用于其上的某些特定的脉冲组合将导致前者放电,而其他脉冲输入则不会引起它放电。这并不是说不可能有其他非神经元性质的影响,也许一种体液性质的影响就能产生缓慢持久的变化,使得足以引起放电的传入冲动趋于改变模式。

神经系统的一个非常重要的功能是记忆,即保存过去操作的结果以供将来使用的能力。如前所述,这同样也是计算机所必备的功能。可以看出,记忆(或存储)的用途是多种多样的,任何单一的机制不可能满足所有这些要求。首先,存储对于执行当前的过程(例如乘法运算)是必需的,但一旦该过程完成,过程的中间结果就没有价值了,因此中间数据占据的存储空间必须空出来以供他用。这样的存储应该记录得快,读得快,而且抹去得也很快。另一方面,还需要有这样一种记忆(内存数据),它们是机器或大脑文件的一部分,属于永久性记录,并且是机器未来所有行为的基础,至少在机器的一次运行中是如此。顺带指出,我们运用大脑与使用机器之间的一个重要区别是,机器的目的是为了多个运算步骤连续执行,这些步骤之间没什么相互关联,即使有也是最小限度的关联,而且这些运算之间数据应能够被清除;而大脑的运转,作为一种自然过程,几乎无法完全抹去其过去的记录。因此在正常情况下,大脑并不能用计算机来完整模拟,机器只是对大脑的类似功能的一种单一的模拟。稍后我们会看到，这句话在精神病理学和精神病学中有着深刻的意义。

122 让我们回到记忆问题上来。形成短时记忆的一种非常令人满意的方法，是使一系列脉冲沿着一个闭环行进，直到这个闭环被外界干扰清除为止。我们有很多理由相信，这种现象也发生在我们的大脑中。在脉冲保留期间，这种现象表现为所谓的似是而非的现在。这种存储方式已经在一些设备上做过模拟，并已被用于计算机，或者至少是建议采用这种方法。采用这种存储方式有两个条件：脉冲应采用一种不难实现超长时滞的介质来传递；脉冲应能够在仪器的固有误差尚未使其模糊之前以尽可能明锐的形式重建。第一个条件基本排除了采用光传输，甚至在许多情形下排除了采用电路传输来建立时滞的可能，较有利的是采用这种或那种形式的弹性振动。这样的振动实际上已经被用于计算机器的这一目的。如果用电路来产生时间延迟，则在每一阶段由此产生的延迟相对较短；否则的话，就像在所有线性设备中所表现出的那样，消息的变形将会累积，并且很快就会变得难以忍受。为了避免这一点，就必须考虑第二个条件。我们必须在循环中插入一个中继，它不是要重复传入消息的形式，而是用来触发新的规定形式的消息。这在神经系统中是很容易做到的，实际上所有的传输或多或少都是触发现象。在电气行业中，这种器件早已为人们所熟知，并已用于电报电路。它们被称为**电报式中继器**。将它们用于长时间记忆的最大困难是，它们必须在大量的持续性周期运算中没有一点缺陷。目前在这方面取得的成功至为显著：曼彻斯特大学威廉姆斯先生设计了一台装置，其单位时间延迟为百分之一秒。这台装置已成功运行了好几个小时。更让人吃惊的是,这个装置并不仅仅用来保存一个单一的“是”或“否”的决断,而是能够保存成千上万个这样的决断。

像其他形式的用于保存大量判断的仪器一样,这台装置是根据扫描原理来工作的。在相对较短的时间内储存信息的一种最简单的方式是给电容器充电。如果再配以电报式中继器,这就构成了一种合适的存储方法。为了最大限度地利用这种存储系统所配备的电路设施,最好是能够依次快速地从一个电容器切换到另一个电容器。通常的做法是利用机械惯性,但这无法实现高速性。更好的方式是大量采用电容器。电容器的一个电极可以是喷镀在介质上的一小片金属,也可以是介质本身的不完全绝缘表面,而连接这些电容器的连接器是一束阴极射线。这个阴极射线束在扫描电路的电容器和磁铁的作用下,像犁田的犁那样移动。目前已有各种精巧的设计来实现这一方法。实际上,在威廉姆斯先生采用这种方法之前,美国无线电公司就已经以稍微不同的方式运用它了。

上面提到的这些存储信息的方法可以将消息保存相当长的一段时间,尽管还没长到可以与人类寿命相媲美的程度。对于更持久的记录,我们可以有各种各样的选择。除了采用穿孔卡片和纸带这类笨重而缓慢且无法擦除的方法外,我们还有磁带记录方式,其现代改进型已在很大程度上消除了消息在这种材料上弥散的倾向。采用磷光物质也是途径之一,最重要的是当属摄影方法。照相术确实是一种理想的永久性保留细节的记录方法。从记录观察结果所需的短时曝光这个角度来看,这种方法也是理想的。但它有两个严重缺点:所需的显影时间虽然已减短到几秒钟,但仍不够短,不足以使照相可用于短时记忆;其次是(1947 年的情形)照相记录不能快速擦除和快速写入一个新的记录。伊士曼公司(Eastman)的技术人员一直在研究这些问题,这些问题似乎并非一定不可解决的,可能现在他们已经找到答案了。

上述很多信息存储方法都有一个重要的物理因素:它们似乎都依赖于高度量子简并的系统,或者说,依赖于有大量同频振荡模式的系统。铁磁性介质的情形下如此,在具有极高介电常数的情形下也是如此,后者对于制作用于存储信息的电容器特别有价值。磷光也是一种与高度量子简并有关的现象,这种效应已被用于摄影过程中,用作显影剂的物质似乎都具有大量的内部共振。量子简并性似乎与小的诱因能产生显著的和稳定的效应有关。我们已经在第 2 章中看到,有关代谢和生殖的许多问题似乎都与具有高量子简并的物质有关。下述这一点也许并非偶然:在一个无生命的环境里,我们发现它们与生命物质的第三个基本特性相关,即与接收和形成脉冲,并使之在外部世界产生效应的能力有关。 124

我们在照相和类似的过程中看到,可以采用某些存储要素永久性改变的方式来存储消息。如果要将这个信息重新插入系统,就必须引起这些变化来影响通过该系统的消息。这样做的一种最简单的方法是,系统中有这样的部件作为(被改变的)存储元件,这些部件通常协助传递信息并具有如下性质:它们因存储而引起的特性变化影响到它们整个未来传递信息的方式。在神经系统中,神经元和突触就是这种元件。下述这种说法是相当合理的:信息之所以能在大脑中长期存储,是通过神经元的阈值的变化,或者换一种说法,是由于每个突触对消息的透过性的变化。在对这种现象还没有更好的解释的情形下,我们中的许多人认为,大脑中的信息存储实际上就是这样发生的。可以想象,这种存储或者是通过开启新路径来实现,或者是通过关闭旧通道来实现。很明显,人在出生后,大脑中就不再形成新的神经元。新的突触也很可能不再形成,但虽然这还不十分确定。一个听起来挺有道理的猜测是,记忆过程中阈值的主要变化是提高。如果这一点属实,那么我们的一生就是按巴尔扎克的《驴皮记》(*Peau de Chagrin*)里的模式度过的。学习和记忆过程耗尽了我们的学习和记忆能力,直到生命本身虚掷掉我们的生命力的储备。这种现象很可能确实在发生。这是对衰老的某种可能的解释。但衰老的真实现象实在太复杂了,无法仅用这种思路来解释。

我们已经谈到,计算机,从而大脑,是一台逻辑机器。这种自然的和人工的机器对逻辑学的影响决不是一句两句话就能说清楚的。这方面的主要工作是图灵做出的。[①] 前面我们说过,推理机器不过就是带引擎的莱布尼茨型推理演算器;正如现代数理逻辑始于这种演算一样,当代计算的工程发展必然会给逻辑学带来新的启示。今天的科学是操作性的,也就是说,它认为每一个陈述本质上都与可能的实验或可观察的过程有关。据此,逻辑学的研究必然归结为对所有那些带有不可去除的局限性和不完善性的逻辑机器的研究,无论这种逻辑机器是神经性质的还是机械性质的。

① Turing, A. M., "On Computable Numbers with an Application to the Entscheidungsproblem", *Proceedings of the London Mathematical Society*, Ser. 2, **42**, 230–266 (1936).

有些读者或许会说，这是将逻辑学归结为心理学，而这两门学科无论从可观察性来说，还是从可证明性来说，都具有明显的不同。在下述意义上这么说是对的：许多心理状态和思维过程并不符合逻辑学的准则。心理学包含许多与逻辑无关的东西，但一个重要的事实是：任何对我们有意义的逻辑都不能包含人类头脑（和人类神经系统）无法包含的东西。**在人们从事逻辑思维这种活动时，所有的逻辑都受到人类思维的局限性的限制。**

例如，有大量的数学涉及关于无限的讨论。但事实上，这些讨论及其所伴随的证明并不是无穷尽的。没有一种可接受的证明是包含无限多的步骤的。数学归纳法的证明确实看似包含了无限多的步骤，但这仅仅是一种表象。事实上，它只包含以下几步：

1. P_n 是一个包含数 n 的命题。

2. 对 $n=1$，P_n 已经得到证明。

3. 如果 P_n 为真，那么 P_{n+1} 亦为真。

4. 因此，对于每个正整数 n，P_n 为真。

确实，在我们的诸多逻辑假设中，必定有一个可以证明这种论证有效的假设。然而，这种数学归纳法与无限集上的完全归纳法完全是两回事。对于形式上更为精致的数学归纳法，如某个数学分支里出现的超限归纳法，同样是这道理。

由此便会出现一些非常有趣的情形，我们可以——如果有足够的时间和足够的计算手段的话——证明定理 P_n 的每一个案例。126 但如果我们没有系统的方法将这些证据归纳到一个与参数 n 无关的证明（如数学归纳法）之下，那么我们就不可能证明 P_n 对**所有** n 成立。这种偶然性在所谓元数学学科里是认可的，这个学科是由哥德尔及其学派发展起来的。

证明是一个逻辑过程,它通过有限的步骤得出明确的结论。然而,一台遵循确定规则的逻辑机器未必一定会得出结论。它可以永不停机地始终在几个步骤间打转,它或者是描画出一个复杂性不断增加的活动图案,或者是进入一种重复过程,就像国际象棋游戏中以长将导致持续循环的终局场面一样。在康托尔(G. Cantor)和罗素(B. A. W. Russell)的一些悖论里出现的就是这种情形。让我们来考虑由所有其元素中不含自身的类所构成的类。那么这个类的元素包含自身吗?如果回答是"是",那么它肯定不是自身这个类的元素;如果回答"不是",那么它就应该是它自身这个类的元素。一台回答这个问题的机器会给出连续的临时答案:"是","否","是","否"……永远不会终结。

伯特兰·罗素对他的这个悖论给出的解决方案是给每一个陈述标记上一个量,即所谓的型。这个型用来区分形式上相同但类型不同的陈述,根据对象的特征,这些类型可分为最简单意义上的"事物"、"事物"的类、由"事物"的类所构成的类等等。我们用于解决矛盾的方法也是给每个陈述附加一个参数,这个参数就是该陈述被断言的时间。在这两种情形下,我们都引入了一个我们可以称之为单值化的参数,以消除因对其忽略而引起的歧义。

因此我们看到,机器的逻辑类似于人类的逻辑,按照图灵的思路,我们可以利用它来揭示人类的逻辑。机器是否也具有较高级的人类特征——学习能力?为了看清这一点,我们来考虑两个密切相关的概念:观念联想的概念和条件反射的概念。

在英国经验主义的哲学流派中,从洛克到休谟,都将心灵的内容看成是由洛克称之为观念的某种实体组成的，后来的作者则认为是由观念和印象两种成分组成的。简单的观念或印象被认为存在于纯粹被动的心灵，心灵对它所包含的观念没有影响，犹如一块干净的黑板对它上面所写的符号没有影响一样。通过某种内在的活动（几乎称不上一种力），这些观念根据相似原则、接近原则和因果原则结成束。这些原则中最重要的也许是接近原则：经常在时间或空间上共同出现的观念或印象应该获得一种相互激发的能力，致使它们中的任何一个的存在都会产生整个观念束。 127

所有这些都隐含着一种动力学，但动力学的观念到现在都还没有从物理学渗透到生物学和心理学。典型的18世纪的生物学家是林奈（Linnaeus），一位收藏家和分类学家。他所持的观点与当代进化论者、生理学家、遗传学家和实验胚胎学家的观点完全对立。确实，由于有太多的世界要探索，生物学家的心态很难不这样。同样，在心理学领域，精神内容的概念对心理过程的概念占压倒性优势。在一个名词实体化而动词显得不重要的世界里，这也许是一种经院式的强调物质性的遗风。尽管如此，我们从巴甫洛夫的工作中可以看出，从这些静态观念到今天的更为动态的观点的进步还是十分清晰的。

巴甫洛夫的工作很多是在动物身上而不是在人身上进行的，他报告的是看得见的行为而不是内省的心态。他从狗身上发现，食物的存在会导致唾液和胃液的分泌增加。如果在有食物而且只在有食物时给狗看某个特定的视觉物体，然后在没有食物的情况下再给狗看这个物体时，这个展示物本身就会刺激狗的唾液或胃液的分泌。洛克通过内省观察到的观念因接近原则而联结的现象在此变成了行为模式的类似的统一。

然而,巴甫洛夫的观点与洛克的观点之间有一个重要区别,那就是洛克考虑的是观念,而巴甫洛夫考虑的是行为模式。巴甫洛夫观察到的反应往往是一个圆满结束的过程,或是避免了一场灾难。唾液分泌对于吞咽和消化是重要的,而避免疼痛的刺激能保护动物免受身体伤害。因此在条件反射过程中一定有某种东西参与进来,我们称之为情调(affective tone)。我们不需要把它与我们自己的快乐和痛苦联系起来,也不需要抽象地将它与该动物的优势条件联系起来。这里最重要的是:情调是按照某种尺度从负面的"痛苦"到正面的"快乐"来安排的;情调的增加可以在相当长的时间里,或永久性地有利于神经系统当时正在进行的所有过程,使得它们有进一步提高情调的二次能力;相反,情调的降低则倾向于抑制神经系统当时正在进行的全部过程,并使产生进一步降低情调的二次能力。

当然,从生物学角度来说,较大的情调必定主要发生在有利于种族延续的场合,尽管这不一定有利于个体;较小的情调主要发生在不利于种族延续的场合,虽然它对个体不是灾难性的。任何不符合这个要求的种族都将走上路易斯·卡罗尔(Lewis Carroll)的"黄油面包上的苍蝇"的道路,总要灭亡。但即使是一个注定要消亡的种族,只要这个种群还能持续下去,这种情调机制就有效。换句话说,即使是具有最具自杀倾向情调的种族也将产生明确的行为模式。

我们注意到,情调机制本身就是一种反馈机制。我们甚至可以用如图7所示的图来给出这种反馈机制。

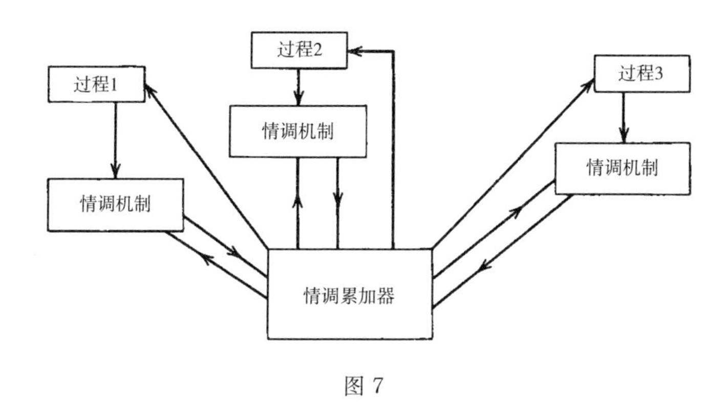

图 7

这里的情调累加器将各情调机制在过去一段时间里产生的情调按某种法则(这里我们不必具体给出)结合起来。返回到各个情调机制的引线用于按累加器输出方向调整每个过程的内在情调。这种改变将一直保持到由来自累加器的新消息后才做修改。从累加器回到各过程机构的引线用于降低阈值,如果总情调是不断递增的话;或提升阈值,如果总情调是递减的话。它们也有长时效应,能够维持到被下一个来自累加器的脉冲修改。然而,这种长时效应仅限于那些返回消息到达时刻实际所处的过程。同样,对于各个情调机制也存在类似的效应。 129

我想强调的是,我并不是说条件反射过程是按照我给出的机制来运作的,我只是说它*可以*这样运作。但如果我们假定存在这种或类似的机制,那么我们就可以讨论关于它的很多事情。其中之一是,这种机制具有学习能力。人们已经认识到,条件反射是一种学习机制,这种想法已被用于研究处在迷宫中的小鼠的学习行为。这里所需的关键是,所用的诱导或惩罚分别具有正面和负面的情调。这里有一点是肯定的:实验者是通过经验,而不是仅仅通过先验的考虑来了解这种情调的本质。

另一个相当有趣的问题是,这种机制包含了这样一组消息,这些消息通常会进入神经系统,传递到所有处在接收它们状态下的单元。这些消息都是从情调累加器返回的消息,在某种程度上也是从情调机制传给累加器的消息。的确,累加器不必是个单独的元件,而只是代表了来自各个情调机制的消息的某种自然组合作用。现在,这种"敬告所有有关人员"的消息也能够以最有效的方式、最小的设备成本发送出去,而不是通过神经渠道。类似地,通常矿井的通信系统就可以包括电话总机和一些附加线路和分机。当我们急于要清空一口矿井时,我们不是依靠这个通信系统,而是在通风口打破一根硫醇管来向矿井下的人们报送消息。像这样或者像荷尔蒙那样的化学信使是不针对特定接收者的最简单和最有效的递送消息的方式。现在,让我插入一个在我看来纯属幻想的问题。荷尔蒙活动所具有的高度情感和激动的体验是最有启发性的。但这并不意味着一种纯粹的神经机制不可能是情调机制和学习机制,它只是意味着,我们在精神活动的这方面的研究不能不看到荷尔蒙传递消息的可能性。将这一概念与弗洛伊德理论所包含的事实——记忆(神经系统的储存功能)与性活动是彼此牵扯的——联系起来,可能过于异想天开了。一方面是性,另一方面是所有的情感内容,这二者都包含非常强烈的荷尔蒙因素。莱特温(J. Lettvin)博士和塞尔弗里奇先生曾对我暗示过性和激素的重要性。虽然目前还没有足够的证据证明其有效性,但在原理上这并不荒谬。

计算机的性质并不禁止它显示条件反射。我们应记住，运行中的计算机不只是一台设计者内置的继电器和存储机构的串联装置。它还包含其存储机构中的内容，而且这种内容在一轮运行过程中从未被完全清除。我们已经看到，对应于个体生命的是机器的运行，而不是计算机的整个机械结构。我们还看到，在神经计算机中，信息的存储在很大程度上极有可能是由于突触通透性的变化。我们完全有可能构造一台以这种方式存储信息的人工机器。例如，我们完全有可能通过永久或半永久地改变一个或多个真空管的栅极偏压，从而改变使真空管触发的脉冲总和的数值，来存储信息。

有关计算机和控制机的学习设备及其用途的更详细的说明最好是留给工程师去做，而不宜在像这本书这样的入门书籍中展开。在本章的余下部分，我们不妨来谈谈现代计算机较为成熟、正常的用途。这些用途的一个主要方面是求偏微分方程的解。即使是线性偏微分方程，也需要通过记录大量数据来建立，因为这些数据包含了对两个或多个变量函数的精确描述。对于双曲型方程，如波动方程，典型的问题是在初始数据给定的条件下解方程。这可以循序渐进地从初始数据求得以后任意给定时刻的结果。对于抛物线型方程也大体如此。对于自然数据是边界值而非初值的椭圆型方程，最自然的求解方法是采用逐次逼近的迭代过程。这个过程要重复很多次，因此利用现代计算机来实现非常快的运算几乎是 131 必不可少的。

对于非线性偏微分方程，我们缺少像线性方程情形下的那种合理完备的纯数学理论。这里，计算方法不仅对于处理特定的数值情形很重要,而且,正如冯·诺依曼所指出的,对于熟悉大量的特例也是非常必要的。因为没有这些具体实例做支撑,我们就很难形成一般理论。在某种程度上,这是借助于非常昂贵的实验装置(比如风洞)来完成的。正是通过这种途径,我们才熟悉了冲击波、滑移面、湍流等更为复杂的性质。而对于这些现象,我们几乎还无法给出适当的数学理论。究竟还有多少未被发现的类似性质的现象,我们不知道。与数字机器相比,模拟机的精度要低得多,而且在许多情况下也慢得多,因此前者给我们带来了更多的未来前景。

人们已经清楚地认识到,使用这些新机器需要掌握其自身特有的纯数学技术,这与手工计算或使用小容量的机器有很大的不同。例如,甚至在用机器来计算中等高阶行列式时,或是用机器同时求解20—30个联立的线性方程组时,也会遇到在求解低阶类似问题时不曾遇到的困难。除非在建立这些方程组时非常小心,否则我们可能完全得不到任何重要的数值解。一般认为,像超高速计算机这样的性能优异而有效的工具,如果掌握在那些没有足够的技术储备的人的手中,是没法充分发挥其性能的。超高速计算机肯定会大大提高对具有高的理解水平和专业训练的数学家的需求。

对于计算机的机械或电气结构,有几个准则值得考虑。一是比较常用的运算,例如乘法或加法运算,应当做成配置较为标准、用于特定用途的计算器,而那些更多的只是偶尔使用的运算功能则可以用那些用于其它用途的元件组装起来。与这一考虑密切相关的是,在这些更一般的机制中,部件应根据其一般属性来配置,而不应将它们与设备的其他部分永久地配置到一起。设备中应当 132 有一个像自动电话交换机那样的部分，它能够自动寻找各种空置的组件和连接器，并按需要给它们分配任务。这将避免因元件的大量空置所造成的浪费，这些元件汪汪只有在需要用到整机功能时才会用到。当我们考虑交通问题和神经系统的过载问题时，我们会发现这个原则是非常重要的。

最后让我们指出，一台大型计算机，不论是以机械形式、电气形式，还是以人脑形式出现，都将消耗相当大的功率。所有这些能量都将以热的形式耗散掉。从大脑流出的血液的温度要比进入大脑的血液温度高出一些。而其他计算机的能耗更没有能像大脑这样经济的了。像 ENIAC 和 EDVAC 这样的大型设备，电子管的灯丝就要耗费大量的能量，其功率很可能以千瓦计。因此除非有充分的通风和冷却装置，否则系统将遭受机器发热异常，机器的正常参数将因发热而发生根本性变化，直至死机。但不管怎么说，单个运算单元所消耗的能量几乎微乎其微，甚至不构成对计算机性能的适当量度。机械大脑不可能像早期唯物主义者所宣称的“肝脏分泌胆汁”那样产出思想，也不可能像肌肉活动那样释放能量。信息就是信息，它既不是物质也不是能量。任何不承认这一点的唯物主义在今天都不可能存在。

第6章　格式塔与一般概念

133　我们在前一章中讨论过的事情里有这么一个议题，就是可以用神经机制来看待洛克的观念联结理论[①]。按照洛克的说法，这种观念联结是按照以下三原则——接近原则、相似原则和因果原则——来进行的。第三条原则是由洛克归纳出来的，并在休谟那里得到了更明确的阐述。由于这第三条原则不外乎是指一种恒常的相伴性，因此可归入第一条原则即接近原则。而第二条原则——相似原则——值得在此做更详细的讨论。

我们如何识别一个人的面貌的同一性，就是说，无论我们是从侧面来看他，还是只看到他的四分之三的脸，或是整个面部，我们都能认定这是同一人的脸？我们如何识别一个圆，就是说，不管它是大是小，是远是近，也不论它是处在与视线垂直的平面上（这时它显然是个圆），还是处在其他方向上（这时它看上去是个椭圆），我们都能认定它是一个圆？我们怎样识别被云雾遮蔽或被罗夏（Rorschach）墨迹测试中的墨迹所掩盖的人脸、动物和地图？所有这些例子都涉及眼睛，但类似的问题可延伸到其他感官，其中有

---

① 一般认为，这一理论以及后述的三原则是洛克之后的大卫·休谟明确提出的，见休谟：《人类理智研究和道德原理研究》第5章第2节。——译者

些涉及多个感官之间的关系。我们怎样用文字来表达鸟鸣或昆虫的振翅声？我们如何通过触摸来识别硬币的圆度？

现在，让我们将讨论集中在视觉上。比较不同物体形状的一个重要因素当然是眼睛与肌肉之间的相互作用，这里所说的肌肉既包括眼球内的肌肉、移动眼球的肌肉，也包括移动头部的肌肉和移动整个身体的肌肉。事实上，某些形式的视觉-肌肉反馈系统即使对于像扁虫这样的低等动物也是重要的。扁虫有一种背光性，即避开光线的倾向。这种背光性似乎是由两个眼点所发出的脉冲之间的平衡来控制的。这种平衡被反馈到躯干的肌肉上，使身体转向远光的一面。再加上驱使身体前进的一般冲动，就会把动物引向最黑暗的区域。有趣的是我们注意到，如果将一对带适当放大器的光电管组合起来，用惠斯登电桥来调节前者输出的平衡，然后再用其他放大器将输出信号放大作为控制两个电机驱动的双螺杆机构的输入信号，我们就可以用这套装置非常充分地来控制一艘小船的背光性。当然，要将这个装置缩小到扁形虫可以携带的 134 尺寸是困难的或不可能的，在这里我们只不过是想通过另一个例证来表明读者业已熟悉的一个事实：生物构造的空间尺度往往比人造机构的尺寸小得多，但从另一方面看，电子技术的应用使人造机构在反应速度上比活的有机体有巨大优势。

让我们撇开中间环节，直接考虑人的眼-肌反馈问题。其中有些反馈纯粹是自体调节性质的，像瞳孔在黑暗中扩大，在光线强时缩小，就属于这种自体调节反馈，起作用是要将进入眼睛的光通量尽可能地限定在一定范围内。另一些反馈则与以下事实有关，即人眼能够经济地将其对形态和颜色的最佳感觉限定在眼球中心相对较小的凹部,而对运动的知觉则在外围较敏感。当外围视觉将明亮的、明暗对比显著的、色彩斑斓的,特别是运动的某个对象捕捉到后,就会有一个反射的反馈将该对象移交给中心凹部。这种反馈伴有一个复杂的相互关联的附属反馈系统,它会使两眼汇聚,使吸引我们注意力的对象处在每个眼睛的同一片视觉区域,并通过聚焦使对象的轮廓尽可能清晰。这些动作还得到了头部和身体的运动的补充。如果单独依靠眼睛的运动不能很快将目标锁定在视觉中心,我们就会调动头部和身体的运动来做到这一点。如果其他感官捕捉到的对象在我们的视野之外,我们也会通过头部和身体的运动来使之进入我们的视野。对于我们更习惯于从某个角度来观察的对象——写作、人脸、风景等——我们也有一套机制将它们置于适当的方向上。

135 所有这些过程可用一句话来概括:我们倾向于将任何吸引我们注意力的对象置于一种标准的位置和方向上,以使我们形成的视觉形象的变化范围尽可能的小。这些并非我们感知对象的形式和意义的全部过程,但它确实为达此目的的所有后续过程带来了方便。这些后续过程发生在眼内和视觉皮质上。有大量证据表明,在这一过程的大多数阶段,每一步都减少了传输视觉信息的神经元通道的数量,并使信息更接近于它在记忆中所使用和保存的形式。

这种视觉信息集中的第一步发生在视网膜和视神经之间的转换上。值得注意的是,在中心凹处,视杆细胞、视锥细胞和视神经纤维之间几乎存在一种一一对应关系。在外围,这种对应信息则是一根视神经纤维对应于十多个末梢器官。这是可以理解的,因为外围纤维的主要功能与其说是视觉本身，不如说是为眼球的定心和聚焦导向机构拾取对象。

视觉的最显著的现象之一是我们能够识别轮廓图。例如，一张人脸的轮廓图与一张有色彩或光影明暗的人脸之间的相似性很小，但前者却可能是这个人最可辨认的肖像。对此最合理的解释是，在视觉过程的某个地方，轮廓被强调，而图像的其他一些方面的重要性则被最小化。这些过程的起点是眼睛本身。像所有感官一样，视网膜是受调节的，也就是说，持续的刺激会降低视网膜接受和传递刺激的能力。这种调节作用在那些记录固定颜色和光照下的大块图像的内部结构的受体上表现得最为明显，因为即使焦点和凝视点有轻微摆动（这在视觉上是不可避免的）也不会改变所接收到的图像的特征。而在两个不同区域的边界上，情况则完全不同。在这里，这些摆动会产生刺激的交替，而这种交替，正如我们在后像现象中所看到的，不仅不会使视觉机制通过调节来消减其反应性，反而会增强其敏感性。两个相邻区域之间的这种对比效应，无论是对于光强还是颜色都是如此。作为对这些事实的说明，我们注意到，视神经中四分之三的纤维只对发光体的“闪光”作出反应。因此我们发现，眼睛感受到最强烈印象的地方是在边缘处，并且实际上每一幅视觉图像都具有素描的性质。 136

大概并非所有的动作都发生在外围。在摄影术中，人们知道，对底片的适当处理会增加其对比度，而这种非线性现象当然不超出神经系统所能做到的范围。这些现象可与我们前面提到过的电报式中继器的现象联系起来看。与电报中继器类似，这种视觉机制采用尚未模糊到超过临界点的印象去触发形成一个具有标准清晰度的新印象。不管怎样,这种机制减少了图像所携带的无用信息总量,并且可能与视觉皮质不同阶层传输纤维的数量的减少有关。

以上我们将我们的视觉印象的形成过程分成几个实际的或可能的图示化阶段。我们将图像集中在注意力的焦点上,并将它们或多或少地简化为轮廓。接着我们将它们互相比较,或者用记忆中诸如"圆"或"正方形"这样的标准印象来比较。这种比较可以有多种途径。以上我们给出了一个粗略的概述,表明洛克关于联想的接近原则是如何能够机械化的。我们注意到这个接近原则很大程度上也包括了洛克的相似原则。在那些引起我们注意的过程中,经常可以看到同一对象的不同方面,我们从不同距离和不同角度来观察其他运动时也会看到同一对象的不同方面。这是一条一般性原则,它并非仅适用于某个特定感官,而且在我们对更复杂的经验进行比较时无疑也是非常重要的。但是导致我们形成特定的视觉上的一般概念的,或如洛克所称的"复杂概念"的,未必只有这一个过程。我们的视觉皮质的结构是高度组织化的、专向分工的,我们无法假设它是通过一种非常一般的机制来工作的。我们得到的印象是,在这里我们处理的是一种特殊机制,它并非仅仅是一种由通用组件和可互换部件搭起来的临时组装,而是如计算机器的加法器和乘法器那样的一种永久性的子单元。在这种情况下,像137 这个子单元如何工作,以及我们应该如何设计它等问题,都很值得研究。

一个对象的所有可能的透视变换构成一个所谓的群,其意义同我们在第2章中的定义。这个群定义了几个变换子群:仿射群,其中我们只考虑那些不涉及无穷远区域的变换；关于给定点的均匀膨胀变换，即对这一点，坐标轴的方向以及各方向上的尺度均匀性均保持不变的变换；长度保持不变的变换；绕某一点转动的二维或三维转动变换；所有的平移变换群等。在这些群中，我们刚才提到的群均是连续的，就是说，其运算由一系列在适当空间中不断变化的参数的值决定。因此它们形成 n 维空间中的多维结构，并包含构成该空间下区域的变换子集。

现在，正如扫描过程涵盖普通二维平面的一个区域（这一点电视工程师最熟悉），由该区域内一个几乎均匀分布的样本点集也可以用来代表整体。因此，群空间下的每一个区域，包括这个空间总体，都可以通过群扫描的过程来代表。在这个过程中（该过程不限于三维空间），空间的一个点（位置）集被变换成一个一维序列，而从某种适当定义的意义上说，这个点集的点在分布上应满足几乎取遍该区域中的每一个位置点。因此，它几乎包含了我们所希望的任何可能的位置。如果这些“位置”或参数集被实际用来产生适当的变换，那么这意味着，用这些变换对一个给定的图进行变换所得的结果会非常接近位于用所考虑区域内的变换算符对该图进行的任何变换。如果我们的扫描足够精细，且被变换的区域有所用群变换区域的最大维度，那么这将意味着实际的扫描变换所给出的区域与对原始区域做任意变换所给出的区域之间的重叠程度可以大到占该区域的任意大百分比。

让我们从一个固定的比较区域和一个用来与前者进行比较的区域开始。如果在变换群扫描的任何阶段，被比较区域在某个扫描变换下的像与固定区域之间的吻合程度要比给定的容许限度更 138

好,则将这个像记录下来,并称这两个区域是相同的。如果在扫描过程的任何阶段都没有发生这种重叠,则称它们是不同的。这个过程完全适于机械化,并可作为一种识别图形形状的方法。这种方法不依赖于图形的大小或方向,并且与被扫描的群区域中所包含的变换种类无关。

如果该区域不是整个群,那么很可能是这样:区域 A 似乎与区域 B 相似,区域 B 似乎与区域 C 相似,虽然区域 A 似乎与区域 C 并不相似。在现实中肯定会发生这种情况。一个图形可能与其反转的同一个图形没有任何具体的相似之处,至少在不涉及任何更高级过程的直接印象中是如此。然而,在反转的每一个阶段,可以有相当多的相邻位置出现相似之处。因此由此形成的普遍的"观念"并不是完全不同的,而是相互交织的。

还有其他更复杂的用于群扫描以便从群变换中抽象出观念的方法。我们这里考虑的群都有一个"群测度",即存在这样一个概率密度:它取决于变换群本身,且当群的所有变换在左乘或右乘群的某个特定变换后而发生改变时都不会改变。我们可以用这样一种方式来扫描一个群:一个相当大的类的任意区域上的扫描密度——即群的扫描变元扫遍该区域的总时间量——与其群测度成接近正比的关系。在这样一个均匀扫描的情况下,如果我们有某个取决于群变换元的集合 S 的量,且如果这个集合被群的所有变换所变换,则我们就将这个依赖于 S 的量设为 $Q(S)$,并用 TS 来表示 S 在群的变换 T 下的变换结果。这样,当我们用 TS 取代 S 后,$Q(TS)$将是这个量在取代 $Q(S)$后的值。如果将这个量对群变换 T 的群测度求平均或积分,我们便得到一个可以写成下述形

式的量

$$\int Q(TS)\,dT \tag{6.01}$$

这里对群测度求积分。对于在群变换下彼此可交换的所有集合 S，量(6.01)都是相同的，也就是说，在某种意义上，对所有具有同 139 一形式或格式塔(完形)的集合 S，量(6.01)都是相同的。如果被积函数 $Q(TS)$ 在被忽略区域上很小，因而量(6.01)的积分不是在整个群上积分，那么我们能够得到的是一个近似可比的形式。关于群测度就说这么多。

近年来，人们非常重视用假体来替代某个丧失机能的感官的问题。最成功的尝试是利用光电元件设计出了用于盲人的阅读设备。我们假设这些努力仅限于印刷品，甚至仅限于单一类型或少数几种类型的字体。我们还可以假设诸如页面的对齐、版心调整、从一行到另一行的来回移动等等都既可以是手动的，也可以是自动的。那么正如我们可以看到的，这些过程相当于我们视觉格式塔决定的这样一些部分：它依赖于肌肉的反馈和我们正常的对中、定向、聚焦和会聚装置的运用。现在要解决的问题是如何在扫描装置顺序扫过各字母时确定单个字母的形状。有人建议用几个垂直排列的光电元件来执行，每个光电元件与不同音高的发声设备相连。这可以通过对字母的黑体部分用静音或发声进行记录来做到。让我们假设取后一种情形。我们假设三个光电接收器自上而下彼此相连。当出现和弦的三个音符时让它们记下，例如用上面的记录最高音，下面的记录最低音。于是大写字母 F 就将记作

——————	高音持续时间
———	中音持续时间
—	低音持续时间

大写字母 Z 将记为

————————

—

————————

大写字母 O 记为

—

— —

—

140 等等。借助于我们的一般理解力,读出这样的听觉代码不应该太难,至少不会比阅读盲文难。

然而,这一切都取决于一件事:光电元件对字母的垂直高度的正确关系。即使是标准化的字型,字体的大小仍然有很大的变化。因此,扫描的垂直刻度应能够向上或向下移动,以便将给定字母的印象约化为标准印象。至少我们必须手动或自动地处理垂直扩张群的一些变换。

有几种方法可以做到这一点。我们可能让光电元件做垂直方向的机械调整。另一方面,我们可以采用一个相当大的光电元件垂直阵列并按字体大小来变更音高的分配,使得位于字体上部和下部的发声装置静默。这是可以做到的,例如,借助于两套连接器的工作模式(如图8所示)。光电单元层的输入信号被连接到散布的一系列开关上,垂直线为输出端。这里单线表示光电元件的引线，双线连到振荡器，虚线上的圆圈表示输入和输出引线之间的连接点，虚线本身表示开启一组振荡器的连线。这就是我们在引言中介绍的由麦卡洛克设计用来调节字体高度的装置。在这个设计的第一版中，虚线和虚线之间的选择是靠手动来完成的。

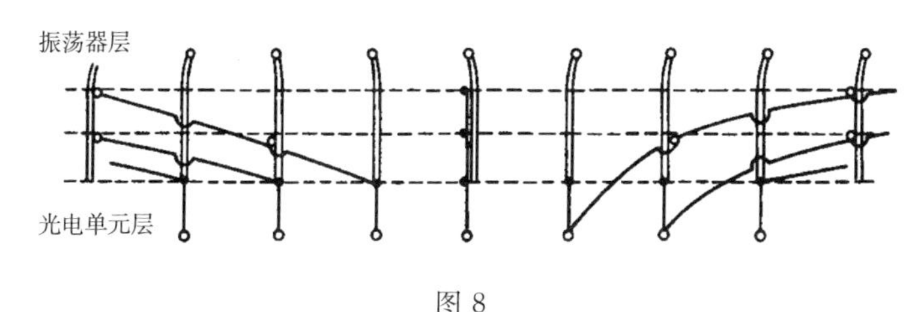

图 8

冯・博宁(von Bonin)博士正是在看到这幅图像后认为视觉皮质存在第四层。这里连接的圆圈相当于这一层的神经元细胞体，它们排列在均匀变化着的水平细胞密度的子层中，其大小的变化与密度的变化方向相反。水平引线可按照一定的周期性顺序被触发。整个装置似乎非常适于构成扫描过程。当然，还必须存在某种与上层输出及时重组的过程。 141

这就是麦卡洛克建议的实际用于检测大脑的视觉完形的装置。它代表了一种可用于任何种类的群扫描的设备。类似的设想也可以运用于其他感觉上。对于耳朵，音乐从一个基本音高到另一个音高的转换不过就是频率对数的变换，因此可由一个群扫描装置来执行。

因此群扫描组件具有明确的、适当的解剖学结构。必要的转换可由独立的水平导线来执行，这些水平导线提供足够的刺激，使每一级的阈值移到适当的量值，以便当导线接通后可使它们触发。

虽然我们不知道机器性能的所有细节,但不难推测出一款与解剖学结构相符的机器。简言之,群扫描组件非常适于构成大脑的永久子单元,其功能相当于数值计算机的加法器或乘法器。

最后,扫描设备应有一定的内在操作周期,它在大脑的运作中应该是可识别的。这一周期的量级应表现为对不同尺寸物体的形状进行直接比较所需的最短时间。这只有在比较两个大小相差不太大的对象时才能做到,否则,这将是一个长时间的过程,需要一种非特定组件的作用才能实现。当直接比较变得可能时,所需时间在1/10秒的量级。这与在循环序列中刺激所有层的横向连接器所需的时间量级似乎也是相符的。

虽然这种周期性的过程可能是一个由局部决定的过程,但有证据表明,皮质的不同部位之间具有广泛的同步性。这意味着这种同步性源自某个时钟中心。事实上,正如脑电图所显示的,它与大脑的α波的频率同量级。我们可能会猜想,这个α波与形状知觉有关,它具有扫描频率的性质,就像在电视机的扫描过程所表现出的频率。这个α波在深度睡眠中消失,似乎被其他频率所掩盖和叠加,正如我们所预料的那样,当我们实际在看某个事物时,扫描节律表现得就像是其他节奏和活动的载体一样。需要指出的是,当我们在醒着的时候闭上眼睛,或者当我们在做瑜伽时凝视着空无一物的空间时[①],α波会表现出近乎完美的周期性。

我们看到,人工感官假体的问题——用另一种可用感官得到的信息来取代通常由已失去功能的感官所得到的信息的问题——

① 与英国布里斯托的W.格雷(W. Grey)博士的私人通信。

不仅是重要的，而且不一定是不可解决的。更让人充满希望的是，通常由某一感官开启的记忆及其联想区域并不是只能用一把钥匙来开启，而是可以用其他感官所收集的存储印象来开启。一个失明的人，如果不是先天失明，那么他不仅能够保留失明前的视觉记忆，而且甚至能够以视觉的形式储存触觉和听觉印象。他不仅可以感知到房间周围的路，甚至对这所房子该是个什么样子有印象。

因此，盲人可以利用他的一部分正常视觉功能。另一方面，他失去的不仅是一双眼睛，他还失去了视觉皮质的部分功能，这些功能被看成是组织视觉印象的固定汇编程序。因此要让他有一定的视觉，不仅要让他配备人造视觉受体，而且还要配备人造视觉皮质。后者将他新受体上接收到的光印象变换成与他的视觉皮质的正常输出相关的形式，使得通常相似的视觉对象现在成为相似的听觉对象。

因此，这种用听觉来替代视觉的可行性的判据至少部分是通过在皮质水平上对可识别的不同的视觉模式与可识别的不同的听觉模式做数量上的比较来进行的。这是信息量的比较。考虑到感觉皮质的不同部位在组织结构上的相似性，因此比较皮质的两部分的面积，差别可能不大。视觉区域面积与听觉区域面积之比大约为100∶1。如果所有的听觉皮质都被用于视觉，我们可预料，所得到的信息量大约为通过眼睛得到的信息量的1%。另一方面，我们对视力估计的通常尺度是在一定分辨率下获得某物图像的相对距离，因此1%的视力就是正常情形下1%的视觉信息流量，这是很差的视力，但是肯定不是全盲，有这种视力的人也不会自认为是瞎子。 143

换个角度看,这一图景甚至更有利。眼睛仅用1%的视力就可以替代听觉去感知耳朵所能感知的全部声域,还留下大约95%的视力用于处理视觉内容,这简直堪称完美。因此感官假体的问题是一个非常有前途的研究领域。

第7章 控制论与精神病理学

在开始本章前，有必要先声明一下。一方面，我既不是精神病 144 理学家也不是精神科医生，我没有这方面的任何经验，而在这一领域，经验指导是唯一值得信赖的方法。另一方面，我们关于大脑和神经系统的正常表现的知识——更何况关于异常表现的知识——还远远没有达到那种对先验的理论抱有充分信心的完美状态。因此我希望不对精神病理学领域的任何特定的案例（例如由克雷珀林[Kraepelin]及其学派所描述的疾病）做预先的判断，就是认为这类病症是由大脑中作为计算机的特定类型的组织缺损引起的。那些从本书的考虑中得出这些具体结论的人应自己承担结论带来的风险。

然而，如果认识到大脑与计算机有很多共同之处，那么我们就可以为精神病理学，甚至精神病学，提供新的且有效的方法。这些问题中最简单的问题可能首先是：大脑如何避免由于个别功能区的故障而导致的重大失误和行为上的严重障碍。这对于与计算机有关的类似问题具有重大的实际意义，因为这里牵扯到一系列操作，每一个操作只需几分之一毫秒，而全部操作则可能会持续数小时或几天。这一系列计算操作完全有可能包含 10^9 个运算步骤。

在这种情况下,哪怕是有一次操作出错都绝不是可忽略不计的,尽145管现代电子设备的可靠性确实已远远超出了最乐观的预期。

在普通的手工计算或用台式计算机计算实践中,对计算的每一步进行检查已是一种习惯。当发现出错后,通常是从发现错误的位置开始一步步往回推算,来找出出错之处。在运用高速计算机时,这种检查必须按照原机器的速度进行,否则整个机器的有效速度将取决于较慢的检查过程的速度。此外,如果机器要将运算的所有中间记录全都保存下来,那么其数据的复杂程度和容量将增加到无法容忍的程度,很可能要多出2—3倍。

一种更好的检查方法,实际上也是实践中普遍运用的方法,是将每一步操作同时交由两到三个独立的运算流程去进行。在采用两个这种运算机制的情况下,它们会自动相互核对答案。如果有差异,所有数据就都转移到永久存储器中去,机器停止运算,同时给操作者发送运算出错信号。然后操作者对结果进行比较,并根据结果寻找出故障的部件,也许是一只电子管烧坏了需要更换。如果每个阶段都采用三套独立的运算机构来进行,那么出错的机会是非常罕见的,三套运算机构中总有两套的答案是一致的,而这个一致的答案就是所需的结果。在此情形下,校验机构采纳多数报告,机器不需要停机,但需要给出一个说明与多数报告不同的少数报告的位置和方式的信号。如果在出错的第一时刻就发出这个信号,则错误位置的指示会非常精确。在一部设计良好的机器里,一个单元并不是只工作于运算序列的某个特定阶段,而是在每一个阶段都有一个与自动电话交换机的工作原理很相似的搜索过程,它会找到第一个可用的给定类型的元件并立刻启动它投入运算。这样,拆换有缺陷的元件就不会引起任何明显的延迟。

我们可以想象并且相信,神经系统中至少也存在两套从事这一过程的元件。我们几乎不能设想任何重要的消息都只由单个神经元来传递,也不能期望任何重要的操作都由单个神经元机制来完成。像计算机一样,大脑很可能是按照路易斯·卡罗尔(Lewis Carroll)在《猎鲨》一书中提出的著名原理的某个变种来工作的: 146 "凡事我告诉你三遍就是真的"。但有一点是不可能的,那就是认为传输信息的各个信道一般都是从一端传到另一端而无需吻合。更有可能的是,当消息到达神经系统的某一级时,可以通过所谓的"联络神经元池"中多个不同通道将消息从这一点传递到下一点。神经系统中确实存在这样一些部分,在其中这种可互换性受到非常大的限制或被剥夺,这些可能都是那种高度专业化的皮质部分,像那些特定的感觉器官的向内延伸部分即如此。不过,对于那些相对来说不那么专门化的皮质区,如用于联想和我们称之为高级心理活动的区域,这一原则仍是成立的。

到目前为止,我们考虑的一直是正常表现中的差错,以及广义上的病态表现。现在我们来看看那些在病理学上更典型的表现。精神病理学往往使那些本能地抱有唯物主义观点的医生们感到失望,他们认为每一种疾病都必然伴有某种特定组织的物质损伤。对于特定的脑损伤,如外伤、肿瘤、血栓等,确实会伴有精神症状。某些精神性疾病,如轻瘫,也确实是一般性身体疾病的后遗症,并伴有脑组织的病理性病变。但是对于严格意义上的克雷珀林型精神分裂症患者,或是狂躁性抑郁症患者,或是类偏执狂妄想症患者,我们却没有办法从脑组织病变的角度来识别他们。我们称这些失调为功能性失调，这种区分似乎有违现代唯物主义的教条，即每一种功能紊乱都有其组织上的生理基础或解剖学基础。

对于这种功能性疾病与器质性疾病之间的区别，我们可以从对计算机的考虑中得到相当大的启发。正如我们已经看到的，与大脑——至少是成人的大脑——相对应的绝非计算机空洞的物理结构，而是这种结构与运算开始前给定的指令，以及在运算过程中从外部得到并存储的所有附加信息的组合。这个信息以某种物理形式——记忆的形式——存储起来，但其中一部分是以循环记忆的形式存储的，其物理基础具有当机器停机或脑死亡存储的信息便消失的特性。另一部分以长期记忆的形式存储。对于这种存储方式我们还只能猜测，但也可能具有一旦死亡便消失的物理基础。目前我们还没有办法从尸体上辨认出一个给定的突触在生前的阈值是多少。即使我们知道这一点，我们也不可能跟踪与这个突触相联系的神经元及其所形成的链，并确定这个链对于它所记录的思想内容的意义。

因此毫不奇怪，我们可以将功能性精神障碍基本上看作记忆性疾病，即大脑在活跃状态下保持循环信息的障碍以及突触的长期渗透性障碍。即使像轻瘫这样的严重疾病，其大部分症状也不是因为相关组织的病变或由突触阈值的变化所引起，而是由于原发性损伤所带来的继发性消息通道障碍所致。这种障碍表现为剩余神经系统的过载和消息的重新取道。

在含有大量神经元的系统中，循环过程很难保持长时间稳定。要么就像在“貌似现在”的记忆情形下，这种循环会变得越来越微弱，直至消失；要么它们占用系统中越来越多的神经元，直到占据神经元池的很大一部分为止。后一种情形大概就是焦虑症所表现出的病态焦虑的原因。在此情形下，病人可能没有足够的空间，即足够数量的神经元，来执行正常的思维过程。在这种状况下，也许大脑中没有负荷的正常神经元本来就不多，所以，它们很容易被卷入到这个不断扩大的过程中来。此外，永久性记忆也会变得越来越深地卷入其中，这样，最初只是在循环记忆水平上发生的病理过程就可能在永久记忆的层面上以一种更难厘清的形式反复出现。因此，最初的一种相对细小和偶然的不稳定性很可能演变成一种导致正常精神生活完全被破坏的过程。

在机械或电子计算机中，类似于这种病理性质的过程并不陌生。齿轮上某个轮齿可能发生了滑动，使得没有齿能与它啮合从而将运行拉回到正常状态下，高速电算机可能由此进入一个似乎无法终止的循环过程。这些突发事件的发生可能源于系统运行中非常罕见的某种瞬时状态，经过修理后，它可能永远不会再发生，148 或极少会重复发生。但当它们发生时，就会暂时中止机器的正常运转。

在使用机器时我们如何处理这些故障呢？我们要做的第一件事就是清除机器的所有信息，希望当它用不同的数据重新开始时不会重现这一故障。如果这样不行，如果故障出在清除机制根本够不到或暂时够不到的地方，那么我们可以晃动一下机器，如果是电子计算机，还可以用一个超大电脉冲冲击一下，希望它能达到那个够不到的地方，使其错误的周期活动中断。如果这一招也失败了，那么我们还可以断开装置出错的这部分，因为保留下来的部分仍有可能满足我们的目的。

但是对于大脑,除了死亡之外却没有正常过程可以完全清除脑中的所有过去的印迹。而死后则再也不可能让它再现。在所有正常过程中,睡眠最接近于非病理性的清除。我们常常发现对付复杂的烦恼或思想混乱的最好办法就是睡一觉!但睡眠并不能清除更深层的记忆,事实上,深度焦虑状态与充足的睡眠是不相适应的。因此,我们常常被迫采取更激烈的干扰记忆循环的方式。这些措施中更为暴力的是对大脑实施外科手术,留下永久性的伤害、致残,从而剥夺受害人在这方面的能力,因为哺乳动物的中枢神经系统似乎没有任何再生能力。已付诸实践的外科手术干预的主要形式有著名的前额叶切除术,其作用是将前额叶的一部分大脑皮质切除或隔离开来。最近这种手术有流行的趋势,这也许与这样一个事实——手术会使得许多病人的看护护理更容易——不无关系。让我顺便说一句,杀死他们岂不是使对他们的看护变得更容易!然而,前额叶切除术之所以对恶性焦虑真有实效,并不是它能帮助病人解决问题,而是通过损害来破坏保持焦虑的能力。这种保持焦虑的能力用另一个专业术语来讲叫作**良心**。更普遍的是,它似乎在所有方面限制了循环记忆的能力,即记住并非眼前实际呈现的情形的能力。

各种形式的休克疗法——电击、胰岛素,戊四氮——均为处理 149 这类病症的不那么极端的方法。它们不会破坏脑组织,或者至少不以破坏脑组织为目的,但它们确实对记忆有破坏性影响。由于这种方法主要涉及循环记忆,而在精神失常发病期间受损的主要是这种记忆,而这种记忆的保存价值可能不大,因此休克疗法肯定比前额叶切除术更值得推荐。但它对于永久记忆和人的个性并非总是没有有害影响。就目前而言，它是破除精神上恶性循环的另一种剧烈的、并未完全得到理解的、不能完全控制的方法。但这并不妨碍它在许多情况下成为我们目前所能做到的最佳举措。

前额叶切除术和休克疗法，就其本质而言，较之于治疗病灶较深的永久性记忆方面的疾患，更适合于处理恶性循环记忆和恶性焦虑，虽然它对于前者的治疗不能说没一点效果。我们已经说过，当精神障碍因长期发作而变得顽固后，永久性记忆也会像循环记忆那样变得严重错乱。我们似乎还没有任何纯药物的或外科手术式的办法来区别对待永久性记忆方面的疾病。正是在这里，精神分析和其他类似的心理治疗措施有了用武之地。无论这种精神分析是就正统的弗洛伊德学派的意义上而言，还是在荣格的或阿德勒的修正了的意义上而言，也不论我们的心理治疗是否属于严格意义上的精神分析，这种治疗都是明确基于这样的概念：心灵所存储的信息具有多层次的可近性，远比直接的、独立的自我反省所触及的更丰富、更多样化；它深受情感体验的制约，而这种体验不是我们通过这样的反省就总能够揭示的，这或者是因为它们从不能用我们成人的语言来明确表达，或者是因为它们被一种明确的——尽管在情感上通常是无意识的——机制埋藏起来；而这些存储的经验内容及其情感基调则以多种方式（其中很可能是病态的）制约着我们以后的活动。精神分析师的技巧就是要通过一系列手段来发掘并解释这些隐藏的记忆，使病人按其本来面目去接受它们，并通过这种接受来予以纠正，尽管不是针对其内容，至少也是针对这些记忆所携带的情调，从而减轻其有害程度。所有这些都与本书所持的观点完全一致。这或许可以解释为什么在有些情况下,我们需要采用将休克疗法与心理疗法结合起来的联合施治方法,其目的就是要对神经系统中的反响现象采用物理治疗或药物治疗与针对长期记忆的心理治疗相结合的方法来进行干预,因为如果不予干预,由休克疗法所打破的恶性循环就很可能会再度重新建立起来。

150

我们前已提及神经系统的传导问题。许多作者,如达西·汤普森(D'Arcy Thompson)[1],都曾谈到这样一点:每一种组织形式在大小上都有一个上限,超出这个上限它便失去功能。因此,昆虫机体的大小受限于其呼吸管的长度,这根气管通过扩散作用将空气直接送入呼吸组织;陆地动物不能太大,否则起支撑作用的腿或其他部分将被其自身的重量压垮;树的大小受限于其将水和矿物质由根部输送到叶,以及光合作用产物从叶输送到根的机理,等等。同样的现象也可在工程建设中观察到。摩天大楼的高度是有限的,因为当它们超过一定高度后,上层建筑所需的电梯空间就将过多地占用下层楼面的面积。由给定弹性性能的材料建造的悬索桥不能超过一定的跨度,否则再好的设计也会在自身重量下会垮塌。实际上超过一定的跨度,由给定材料建造的任何结构都会在自重下倒塌。同样,根据不变的、非扩张性计划建造起来的一个电话中心的规模也是有限的,电话工程师已对这个限制做了彻底的研究。

在电话系统中,重要的限制因素是占线时长占比,即用户在通

① Thompson, D'Arcy, *On Growth and Form*, Amer. ed., The Macmillan Company, New York, 1942.

话中发现无法接通电话的时间占比。如果打通电话的机会高达99%,那么即使是最苛刻的用户也肯定会满意;如果打通的概率是90%,那也可以认为够好,不耽误业务联系;如果打通概率只有75%,那么就有麻烦了,但还勉强可用;而如果只有50%的电话能打通,用户就会开始要求退订。其实,这些还只代表总的数字。如果接个电话需要经过 n 个接通步骤,而每个步骤的接不通的概率是独立且相等的,那么要使总的成功概率等于 p,则每个步骤的成功概率就要为 $p^{1/n}$。因此,要使五步完成的呼叫能有75%的成功机会,则每个步骤的成功机会必须达到大约95%。要取得90%的接通率,每个步骤就必须有98%的成功率。即使要取得50%的成功率,每个步骤的成功率也必须达到87%。由此可以看出, 151 当呼叫的数目超过某个临界值后,通话所涉的步骤越多,服务质量变差的时刻就来得越快。而如果这个失灵的临界值尚未达到时,通话质量会显得非常良好。因此,一项包含多个步骤并具有一定级别的接通率的电话交换机服务,在通话数没有达到临界值以前,不会有明显的故障迹象,但一旦趋于临界点附近,它便完全崩溃,我们便遭遇到灾难性的通信堵塞。

人具有所有动物中最发达的神经系统,其行为可能取决于其神经链中最长链的有效运行。因此人可以在非常接近过载边缘的境况下有效地执行一项复杂的行动,随后他将发生严重的、灾难性的崩溃。这种过载可能以这么几种方式发生:待传递的通信量过多,传递通信的物理通道被去除,或通信信道被无用的通信系统(如对发展到病理程度的担忧的循环记忆)过度占用。在所有这些情况下,当没有给正常信道留出足够的分配空间时,就会——非常突然地——出现这样一个点,我们立刻陷入一种近乎疯狂的精神崩溃。

这首先会影响到神经元最长链的机能或运行。已有充分证据表明,这些活动过程正是那些用我们平常的估计标准来看属于最高水平的过程。其证据是:当体温升高到接近生理极限温度时,绝大部分(如果不是所有的话)神经元的活动过程的表现都变得更加容易。而且越是高级的过程这种影响就越大,这里高级的阶次与我们通常对"高级"程度的估计基本上是一致的。在单个神经元-突触系统中,过程的任何促进作用都应该是累加的,因为每个神经元都是与其他神经元串联在一起的。因此,一个过程因温度升高所获得的增强程度大致可看成是对神经元链的长度的衡量。

由此我们看到,与其他动物相比,人脑在神经链长度上的优势正是精神障碍在人类中表现得最明显和最常见的原因。我们还可以用另一种更具体的方法来考虑与之非常相似的问题。让我们首先来考虑这样两颗大脑:它们在几何上相似,且灰质与白质的重量之比具有相同的比例因子 $A:B$,但具有不同的线性尺寸。假定在这两颗脑中,灰质细胞体的体积和白质纤维的横截面积大小均相同。那么二者的细胞体的数量比为 $A^3:B^3$,远程连接器的数量比为 $A^2:B^2$。这意味着,对于相同的细胞活动密度,二者的纤维活动密度是 $A:B$,即较大的脑的活动密度要比较小的脑高出 $A:B$ 倍。

如果我们将人脑与低等哺乳动物的脑作比较,就会发现这个问题更复杂。灰质的相对厚度是一样的,但在人脑中,灰质的分布一直延伸到脑回和脑沟系统。其效果是使得灰质的数量增加,白质的数量减少。在脑回内,白质的减少在很大程度上是纤维长度的变短而非纤维数量的减少,因为脑回的对褶使得它们要比同样大小但表面光滑的大脑情形下更为靠近。另一方面,就不同脑回之间的连接体而言,连接体之间的距离则因为脑回的折叠而有所增加。因此,如果要处理的问题涉及的是短距离的连接体,那么人脑似乎相当高效,但如果问题涉及长距离的连接体,人脑就显得相当欠缺。这意味着,在信道堵塞的情况下,涉及大脑中彼此间非常遥远的信号,传递过程将首先受到影响。也就是说,那些涉及几个功能区的过程,众多不同的运动过程,以及涉及相当多的关联区域的过程,在精神错乱时将会是最不稳定的。这些过程正是我们通常归为较高级的过程,由此我们得到了另一个我们所期望的证实,这一事实似乎也得到了经验上的验证,即精神错乱时较高级的过程最先恶化。

有一些证据表明,大脑中那些长距离的路径倾向于沿大脑外侧行走并穿越较低级的功能区。这一点可以通过切除某些长距离的脑白质环路而仅造成轻微损伤的结果来证明。它似乎表明,这些表面上的联系是如此不充分,以至于它们仅提供了真正需要的连接的一小部分。

关于这一点,一种有趣的现象是惯用的左右手和脑半球的优势现象。在低等哺乳动物身上似乎也存在惯用右肢或左肢的情况,尽管不如人类那么明显,这部分原因可能是由于它们执行的任务所要求的组织和技能的程度较低。但不管怎样,即使是对于低等灵长类动物,左右两侧肢体技能在选择上差异实际上也远不如人类来得大。 153

众所周知,正常人大多是右撇子,一般认为这主要与他惯于使用左脑有关,而惯于用右脑的少数人则是左撇子。也就是说,大脑的功能并不是均匀分布在两个半球上,其中占主导地位的半球拥有更高级的功能。事实上,许多涉及左右两侧功能(例如视觉)的领域基本上都会在相应的半球表现出来,尽管并非对**所有的**两侧功能均如此。然而,大多数“较高级”区域处于优势半球。例如在成人中,次要半球大面积损伤所带来的影响远不像优势半球受到类似损伤时那么严重。巴斯德在其职业生涯的相对早期遭遇过右侧脑出血,导致他中度偏瘫。在他去世后,人们对他的大脑进行了解剖,发现他所患的右侧脑损伤是如此严重,以至于有人说他受伤后“只有半个大脑”。其顶叶和颞叶区域存在广泛的病变。然而,在这次受伤之后,他却做出了其一生中一些最好的工作。如果一个右撇子成年人的左脑受到类似的损伤,那将几乎肯定是致命的,这会使病人的心智和神经残废,生命降低到动物水准。

据说这种情况如果是发生在婴儿早期,那么所造成的影响就要小得多。婴儿出生后的前六个月里,如果遭受到优势半球的广泛损伤,那么就会迫使发育正常的次要半球去替代它。因此,比起六个月后遭此疾患的患者,前者表现得更接近正常人。这与在生命早期的几周内神经系统所表现出的巨大的灵活性以及在后来迅速发展成的巨大刚性这一特征是相当一致的。在孩子的幼年,即使不发生这种严重的伤害,左右手的惯用性也可能具有很大灵活性。然而,在孩子进入学龄的很早之前,自然的偏好和大脑的支配地位就已被终生确立了。过去人们常常认为,左撇子在社会生活中会遭遇到严重困难。因为大多数工具、课桌和运动器材主要都是按右撇子的习惯来制造的，这在一定程度上是对的。而且在过去，人们因为某种迷信的原因排斥左撇子，正如他们反感哪怕偏离 154 一丁点通常标准的东西（如胎记或红头发）。出于各种各样的动机，许多人试图通过教育来改变孩子的外在习惯，甚至获得了成功，尽管他们无法改变优势半球的生理基础。后来发现，在很多情况下，这些逆优势半球而动的被改造者都患有口吃，并且在说话、阅读和写作等方面存在缺陷，其严重程度甚至毁了他们一生的前途和过上正常生活的希望。

对这些现象，我们现在至少看到了一种可能的解释。在矫正左撇子的训练下，次要半球中那些涉及像写作这样的熟练动作的区域也受到训练。但由于这些动作执行时都是与阅读、演讲以及其他活动紧密联系在一起的，而后者与优势半球的活动存在密不可分的关系，因此参与这些过程的神经元链必须不断地在两个半球之间往返；在任何一项复杂的过程中，神经元链都必须一次又一次地来回奔波。但是，在像人脑这样大的大脑中，两半球之间的直接连接体——大脑连合——的数量太少，以至于它们很少起作用，半球之间的交通必须绕道穿过脑干的路线。而对于这条线路我们知道的还很不透彻，但它肯定很长、很脆弱，容易被中断。因此，与语言和写作有关的过程很容易遭遇到交通堵塞，于是口吃便成为世界上最自然不过的事情了。

也就是说，人类的大脑可能已经太大了，以至于无法高效地利用所有解剖学上现存的设备。在猫身上，优势半球受损所带来的伤害似乎比人脑遭遇这类伤害所带来的影响要小一些，而次要半球的破坏对它的影响可能更大。不管怎么说，猫的两半球上的功能配置较接近于相等。在人身上,大脑体积和复杂程度的增加所带来的好处,部分地被大脑的各个功能区很少能在同一时间得到有效利用这一局限性所抵消。有意思的是,我们可能面临这样一种自然限制:高度专门化的器官将发展到效率递减的程度,并最终导致该物种的灭绝。人类的大脑很可能就像最后一批恐龙的大鼻角那样,正沿着其毁灭性的专业化分工的道路发展。

第8章　信息、语言与社会

组织的概念——其各要素本身就是小的组织——既不陌生也 155
不新鲜。古希腊的关系松弛的联邦、神圣罗马帝国及其同时代的类似的封建国家、瑞士联邦、荷兰联邦、美利坚合众国及其南部的许多联邦制国家、苏维埃社会主义共和国联盟等等，都是政治领域内组织等级的实例。霍布斯的利维坦，由弱小的人群构建的“人类国家”，是在较小规模下对同样的政治主张的诠释，而莱布尼茨将生命有机体看成是一个包含其他生命体（如血细胞，它们有自己的生命）的大综合体，则不过是在同一方向又迈进了一步。事实上，这仅仅是对细胞理论的一种哲学上的期待。根据这一理论，大多数中等大小的动物和植物和所有大尺度的动植物都是由单元——细胞——组成的，这些细胞有着独立生命体的许多（即使不说是全部的话）属性。多细胞生物本身可能就是更高层次生命体的构建材料，例如僧帽水母，一种由分化了的腔肠动物珊瑚虫构成的复杂结构体，其中有些个体按不同方式被改造成专事营养摄取、形态支撑、运动、排泄、生殖，以及整个群落的维持等任务。

严格来说，这样一个物理上相互结合形成的群落，其所提出的 156
组织问题从哲学上看并不比那些在较低的个体层次上所提出的组

织问题更有深度。而人类和其他社群性动物——狒狒群或牛群、海狸群、蜂群、黄蜂蜂巢或蚁巢等——就很不一样。社会生活的一体化程度很可能接近单个个体所表现出的行为水平,但群落中的个体可能会有一套固定的神经系统,个体之间存在永久性的等级关系和永久性的联系,而整个社群则是由众多在时间和空间关系上不断变动且不具有永久的、牢不可破的物理联系的个体组成的。蜂群的全部神经组织就是某个蜜蜂的神经组织。那么蜂群是如何以一致的方式行动的呢?这种一致性是一种富于变化、具有很强的适应性和组织性的特征。显然,其秘密就在于成员之间的相互交流。

这种交流在复杂性和内容上差别很大。对于人类,这种交流除了涵盖了语言和文献的整体复杂性,还包括许多其他的东西。而对于蚁群,这种交流可能不会超出几种气味。一只蚂蚁很难分辨出这只蚂蚁和那只蚂蚁的区别。当然它能够区分出自己巢穴的蚂蚁与其他巢穴的蚂蚁,并能够与己方蚂蚁合作,去消灭外来蚂蚁。在做出这类有限的外部反应时,蚂蚁似乎有一种近乎模式化的思维,一如其被角质包裹起来的身体。我们能够先验地料定的是,一个动物的成长阶段,乃至在很大程度上,其学习阶段,可以与其成熟期的活动严格分开。它们唯一的通信手段——这也是我们能够跟踪的手段——就像其体内的激素系统一样,是一般性的和弥漫性的。的确,气味,作为一种作用于嗅觉的化学物质,具有一般性和无方向性的特性,与体内激素的影响没有什么不同。

顺便说一下,麝香、灵猫香、海狸香,以及哺乳动物身上散发的具有性吸引力的类似物质,都可以看作是一种社群性的外源性激素，尤其是对于独居性动物，它们起着在适当的时候将两性吸引到一起的作用，这对于种群的延续是不可或缺的。我并不是说，这些物质一旦进入嗅觉器官后，其内在作用是激素作用性质而非神经作用性质。我们很难看出，作为纯粹的激素，其量是那么少，它是如何做到那么容易被感知的；另一方面，我们对激素的作用知之甚少，以至于我们无法否认这些微量物质能起到激素作用的可能性。此外，在麝香酮和香猫酮上发现的长而卷曲的碳原子环无需太多 157 的重新排列即可形成具有性激素、某些维生素和一些致癌物特征的联环结构。我不想就此发表意见，但我认为这是一个有趣的推测。

蚂蚁所感知到的气味似乎会引发一种高度标准化的行为过程。而一个简单的刺激（如气味）对于信息传递的价值，不仅取决于由该刺激本身所传递的信息，而且还取决于刺激的发送方与接收方的整个神经系统的构成。假设我在森林里遇见一个聪明的野人，他不会说我的语言，我也不会说他的语言。尽管我们没有共同的语言符号，但我依然能够从他身上学到很多东西。我需要做的就是对他表现出情绪或兴趣的那些瞬间保持警觉。然后我把目光转向周围，也许还应特别注意他的目光方向，并将我所看到或听到的东西牢牢记住。这样过不了多久，我就会发现那些对他来说很重要的东西，这不是因为他用语言告诉了我这些，而是因为我自己观察到它们。换句话说，一个没有内在内容的信号可以通过他当时所观察到的东西而在他头脑中变得有意义，并且通过我当时所观察到的东西而在我的头脑中变得有意义。他能够注意到我表现得特别在意、主动注意的那些时刻，这种注意力本身就是一种语言，其可能的呈现方式是多种多样的，只要在我们两人都能涵盖这种印象的范围内。因此，社会性动物在发展出语言之前可能就已经具有一种主动、聪明、灵活的交流方式。

一个种群无论采用什么交流方式，都可以定义和衡量该种群所能获得的信息量，并将其与个人体所能获得的信息量区别开来。当然，并非所有对个体有用的信息对群体也都有用，除非这种信息对调整一个个体对其他个体的行为有意义。甚至一种对调整个体间关系有意义的行为也未必是对种群有意义的行为，除非其他个体能将这种行为与其他行为方式区别开来。因此，一条信息到底是对整个种群有用还是纯粹对个体有用，取决于它所导致的个体行为方式是否被种群中其他成员认作为有特定意义的行为方式，并在某种意义上反过来影响到他们的活动等等。

我已经谈到了种群。就大多数公共信息的范围而言，这个术158语实在太宽泛了。恰当地说，社群的范围仅限于信息能够得到有效传递的范围。我们可以通过对一个社群由外界做出的决策数与其自身做出的决策数的比较来给出一种社群范围的度量方法。由此我们可以衡量一个社群的自主权。一个社群的有效规模的大小是由它必须达到的自治程度来衡量的。

一个社群所拥有的社群信息既可能比它的成员所拥有个体信息多，也可能比后者少。一群临时搭伴的非社群性的动物之间只共享很少的群体信息，尽管其成员可能拥有许多个体信息。这是因为其成员所做的事情很少被其他成员注意到，并被后者以一种在群内得到进一步仿效的方式行事。另一方面，人类社会的信息量则要比任何个人所拥有的信息多得多。因此，一个种群或部落或社区所拥有的信息量与其个体可获得的信息量之间未必存在必要的关系。

就个体而言，不是所有的公共信息都可以不经专门的努力就能一次性地获得。众所周知，现在有这样一种趋势，图书馆因藏书量庞大已变得信息流通不畅；各学科已发展到如此专业化的程度，以至于专家越出自己的专业就变得茫然。万尼瓦尔·布什博士曾提出借助于机械搜索来找寻所需的资料。这些办法可能有用，但除非某个人对来的新书该归于哪个类很清楚，否则就不可能对一本书进行分类。如果两个学科的研究方法和知识内容大致相同但分属于相隔较远的两个领域，那么我们仍需要有像莱布尼茨这样的知识面宽广的人才能胜任这种分类工作。

关于公共信息的有效性的量，最令人惊讶的一个事实是团体政治极度缺乏有效的内部稳定过程。在许多国家流行这样一种信念，而且这一信念已被美国提升到官方意识形态的高度，那就是自由竞争本身就是一个内在稳定的机制：在自由市场里，交易者的个体自私性，即每个人都尽可能寻求低买高卖的秉性，将最终导致一个稳定的动态价格，并有利于大多数人的利益。这一信念与这样一种乐观的观点有关：个体企业家在谋求自身利益的过程中，某种程度上就是一个公共捐助者，因而理应获得社会给予他的巨大回报。不幸的是现有证据不支持这一简单理论。市场就是一场博弈，事实上它更像是一个垄断寡头的家族博弈。因此它严格遵从由冯·诺依曼和摩根所发展的一般博弈论的法则。这一理论基于这样一个假设，即在每一个阶段，每个玩家根据他所能获得的信息，按照十分明智的策略行事，以确保他最终能得到最大的回报。

159

因此,市场博弈是在十分明智但绝对无情的经营者之间进行的。即使在两个玩家的情形下,这个理论也是复杂的,尽管它经常导致一种明确的博弈路径选择。然而在多数情况下,玩家有三人,而绝大多数情况下玩家有多人,这时结果就将变得极度的不确定和不稳定。个体玩家出于贪婪而不得不组成联盟;但是这种联盟一般并不能使他们按一种统一的、确定的方式行动,而是常常以相互出卖、背叛和欺骗而告终。在发达的商业圈子里,或是在密切相关的政治、外交和战争生活中,我们看到的正是这么一个活动场面。从长远来看,即使是最杰出但无良心的商人也一定会破产;而如果一些玩家厌倦了这种相互倾轧的日子,愿意过一种彼此相安无事的平静生活,那么巨大的回报就会落入那些等待时机撕毁协议、背叛同伴的人手里。这里不存在任何内部稳定机制。我们都被卷入繁荣和衰退交替的商业周期,都处在独裁和革命的不断演替中,在战争中失去一切,这就是当代的真实写照。

当然,冯·诺依曼将玩家描述成一个完全理智但十分无情的人只是一种抽象,是对真实世界的一种不真实的刻画。现实生活中我们很难找到这样一种由一大批十分聪明但极不道德的人聚在一起博弈的场景。更常见的是,在骗子聚拢处,总会有很多傻瓜;而且傻瓜的数量足够多,他们为骗子提供了较有利可图的盘剥对象。这些傻瓜的心理动机已成为行骗者十分关注的课题。傻瓜并不是按照冯·诺依曼的赌徒理论来寻求自己的终极利益,他们的行为方式就像走迷宫的老鼠的行为一样,是可以预测的。*这种*谎言——或者更确切地说,一种与事实不相关的策略——会使他购买某种特定品牌的香烟;*那种*策略,或者说那个政党希望,诱使他

160

为某个候选人——他们所希望的任何候选人——投票或参加政治迫害。将某种宗教、色情和伪科学做有针对性的混合,就能推销一份有插图的报纸。通过连哄带骗、贿赂和恐吓就能将一个年轻的科学家引导到制造导弹或原子弹的工作上来。为了确定这些人有多少,我们会启动以普通人为对象的民情调查机制去采样,或者是通过媒体受众问卷的方式,或者是通过选情投票、民意抽查以及其他心理调查的方式。总有统计学家、社会学家和经济学家愿意为这些事情出卖他们的服务。

幸运的是,这些满口谎言的商人,这些骗取轻信的剥削者,从不能将自己的套路玩到滚瓜烂熟。这是因为没有人是十足的傻瓜或是十足的骗子。普通人在处理切身利益的问题时还是相当理智的,在面对公共利益或他人痛苦时会表现得相当无私。在一个发展得足够成熟,从而已形成较为统一的理智和行为规范的小乡村社区里,人们对困难户的照顾,对道路和其他公共设施的管理,社会对那些偶尔犯有一两次错误的人的宽容,都会有一套十分合理的标准。毕竟,社会上总是会有这么一些人,社区的其他人必须继续同他们一起生活。另一方面,在这样的社区里,没有人会养成高人一头的习惯。因为总有办法让他感受到舆论的压力。一旦出现这种情况,那么过不了多久,他就会发现这种压力无处不在,而且是如此的无法避免,让人处处受限,时时受压,以至于最后不得不离开这个社区来逃避。

因此,小的、紧密结合的社区都有相当多的内在稳定措施。无论是在文明国家还是在原始野蛮人的村庄里,这一点都已得到高度认同。尽管许多野蛮人的习俗在我们看来显得奇怪甚至令人厌恶,但它们似乎一般都具有非常明确的内在稳定的价值,人类学家的一部分任务就是要去解释这一点。只有在那些大的社会里,在那种大亨靠财富就可以免受饥饿,靠隐居和匿名就可以逃避舆论,靠诽谤惩治法和占有先进的通信手段就可以抵制对私人的批评的社会里,做事的无情性才会发展到极端。在所有这些对抗社会内稳机制的手段中,最有效和最重要的控制手段是通信工具。

161 本书给出的一个教训是,任何有机体都是因为拥有获取、使用、保存和传播信息的手段才得以维系和生存。在一个其成员之间无法直接接触的太大的社会里,上述手段是通过出版物(包括图书和报纸)、广播、电话系统、电报、邮局、剧院、电影院、学校和教会等设施来实现的。它们除了作为交流手段这个固有的重要性之外,还具有其他的次要功能。报纸是广告的载体,也是报业老板赚钱的工具,电影院和收音机也是这样。学校和教会不仅仅是学者和圣徒的避难所,也是伟大的教育家和大主教的家园。一本不能给其发行商带来利润的书不会付印,而且肯定不会重印。

在像我们生活的、公认以买卖为基础的这个社会中,所有的自然资源和人力资源都被看成最先有能力利用它们的第一个商人的绝对财产,这些通讯手段的次要方面往往会通过逐步侵蚀而成为主要目的。由于这些手段本身的日益精巧和随之而来的费用增加,使得这种局面变得日益强化。乡村报纸可能会继续让自己的记者去周围的村庄猎取八卦,但它得购买国内新闻,需要有偿获取报业大亨提供的特写和政治观点,尽管是千篇一律的“官样文章”。广播要依靠广告营收,谁给钱谁就可以点曲,处处都一样。重大新闻的采编费用太高,根本不是一般中小新闻机构能承受的,图书出版商专注于出版那些书商会大批量进货的书籍，大学校长和主教即使没有个人的权力野心，也得去与有钱的机构搞好关系，以便寻求他们的资助。

因此，从各方面来说，通信手段要受到三重限制：利润较少的手段让位给更有利可图的手段；这些手段掌握在人数非常有限的富有阶级手中，从而自然而然地成为表达这个阶级意见的工具；进而，作为谋求政治和个人权力的主要途径之一，它们首先吸引那些对这种权力抱有兴趣的人。一种通信系统，如果它比其他所有手段都更能影响社会的稳定，那么它就将直接被那些在权力和金钱 162 游戏中最关心它的人所掌握，我们已经看到，这些人正是社区里最主要的反稳定因素之一。毫不奇怪，在较大的社区里，这些社区往往也是遭受这种破坏性影响较深的社区，能够获得的有关社区自身的信息要比较小的社区少得多，至于构建所有社区的要素——个人，那更是关于其自身信息的丰富载体。国家就像狼群一样，要比其大多数成员愚蠢，虽然我们希望其程度不至于那么严重。

这种认识与企业高管、大实验室的主管等所鼓吹的论调相反。他们倾向于认为，由于社区大于个人，因此前者也更明智。持这种看法的人，有些是出于幼稚的好大喜功。有些是出于认为一个大的组织永远充满着各种可能性的感觉。但是，很多人不过是为了寻获满足贪欲的机会。

还有另外一群人，他们将现代社会的无政府状态看得一无是处，但却怀有一种乐观的感觉，认为肯定存在某种解决办法，这使他们高估了社会上可能存在的稳定分素。尽管我们可以对这些人抱以同情，理解他们所处的情感困境，但我们不能对这种一厢情愿过于期待。这就像老鼠在面对如何给猫系铃铛的问题时所想的那样。对于我们这些老鼠来说,如果能给这个世界上所有的掠食性的猫系上铃铛,那无疑是非常可喜的。但是——谁去做这事儿呢?谁能向我们保证,无情的权力不会再回到那些最为狂热的人手中?

我之所以提及这一点,是因为我的一些朋友非常希望本书中所包含的新思想能够发挥社会效能,尽管我认为这是一种虚假的希望。他们确信,我们对物质环境的控制远远超出了我们对社会环境的控制和理解。因此他们认为,近期的主要任务是将这种自然科学的方法延伸到人类学、社会学和经济学等领域,希望它们在社会领域取得同样程度的成功。他们从相信这样做是必要的,进而开始相信这是可能的。但在这一点上,我坚持认为他们过于乐观了,他们误解了所有科学成就的本质。

163　精密科学的所有伟大成就都是在所观察现象与观察者之间有很大程度的隔离的条件下取得的。我们在天文学方面看到,这种成就源自相对于人来说观察对象的巨大尺度,它使得人的一切努力都不能对天体造成丝毫明显的影响,更不用仅仅是观察了。另一方面,在现代原子物理这一观察对象小到无法言说的领域,从粒子的角度来看,我们所做的任何事情确实会对众多单个粒子产生很大影响。然而我们不是生活在粒子的空间或时间尺度上;并且从符合其存在尺度的观察者的观点来看,对我们而言可能最具意义的事件——除了一些例外,例如在威尔逊云室实验中就存在这样的例外——是巨大粒子群合作产生的平均质量效应。就这些效应而言,从个体粒子及其运动的角度来看,其相关的时间间隔非常之大,使得我们的统计理论有足够的应用基础。简言之,相对于恒星而言，我们太小，不足以影响到它们的运行；而相对于分子、原子和电子而言，我们又太大，只能注意到它们的群体效应。在这两种情况下，我们都做到了与我们所研究的对象足够松散的耦合，我们只能从这种耦合中得出总体性说明，尽管这种耦合可能还没能松弛到足以使我们完全忽略它。

在社会科学中，观察对象与观察者之间的这种耦合则很难极小化。一方面，观察者能够对引起他注意的现象产生相当大的影响。虽然我十分尊重人类学家的智慧、技巧和诚实的目的，但我不认为他们调查过的社区随后仍会保持原先的状态。许多传教士都会通过简化改写的过程来修正自己将原始语言写就的教条视为永恒法则的误解。人类的社会习惯仅仅因为对它的调查就会有很大的散失和改变。从另一个意义上说，这就是通常所说的"翻译即背叛"。

另一方面，社会科学家不具有从永恒的、普适的高度来冷静地俯视其观察对象的优势。也许应当有一门以人类的动物性为研究对象的群体社会学，在其中对人类行为的观察就像对瓶子里果蝇种群的观察一样，但这不是我们特别感兴趣的社会学。我们并不关心在永恒的外表下人类的提升和堕落、快乐和痛苦。人类学家只负责报告那些其寿命与人类学家自身相差无几的人群的生活、164 教育、事业和与死亡有关的习俗。经济学家最感兴趣的是预测那些其时间跨度不足一代人的商业周期，或至多是那种对他的人生的不同阶段有影响的商业周期。现在很少有政治哲学家会将其研究局限于柏拉图的理念世界。

换句话说，在社会科学中，我们必须处理的是短期统计活动，我们不能确定我们所观察到的很大一部分内容是不是我们自己创作出来的人工制品。股市的调查可能会扰乱股市。我们太容易与调查对象合拍,以至于使这种调查失真。简而言之,无论我们的社会科学调查是统计性的还是因果性的——它们当是两者兼具——其结果的精度永远不会好到小数点后面几位。总之,社会科学研究永远无法向我们提供可与自然科学所提供的信息相媲美的、数量上可验证的重要信息。我们既不应忽略它们,也不应对其抱有过大的期待。无论我们喜欢还是不喜欢,我们都不得不将其留给专业历史学家去用那种不"科学的"叙事方法去处理。

附　注

有一个问题应属于本章的议题,虽然它并非立论的重点。那就是我们是否能够建造出一台下象棋的机器,以及机器的这种能力是否代表了机器的潜力和心灵之间的本质区别。请注意,我们不必提出"是否能建造一台能够下出冯·诺依曼的意义上最佳棋局的机器"这样的问题。甚至最好的人类大脑也没有机会逼近这个指标。另一方面,不管棋局质量如何,我们毫无疑问总能够建造出一台能够遵循游戏规则的下棋机器。这里所遇到的困难不会比165 铁路信号塔的信号联锁系统的构造更复杂。真正的问题是中间性质的:构造的这台机器能够够得上人类棋手对手的水平,下出来的棋有趣。

我认为有可能建造出这样一台虽较为粗糙但绝非平庸的设备。这台机器必须能——尽可能高速地——考虑到己方接下来两三步的所有可能的着点和对手所有可能的应对步骤。对于接下来的每一步，都应赋予一定的常规估值。在此，在每个阶段能将死对方的着手得分最高，被对方将死的着手得分最低；失子、吃子、将军和其他可识别的情形都应获得相应的估值，且该估值与优秀棋手所估计的价值相去不远。每一种布局的第一步应该得到一个与冯·诺依曼理论所分配的价值相近的估值。在机器与对手还剩最后一手棋的阶段，机器所下的一手棋的价值应取对手下出所有可能的下法之后的局面的最低估值。在机器与对手还剩最后两手棋的阶段，机器下出的这两手棋里的第一着的价值应是在对手下出第一着后局面最不利于己方的估值，而对手的这个第一着则是根据在双方都只剩下一步的局面下机器能下出最得分的一手的预期来下的。这个过程可以扩展到每方仅剩三步的情形，依此类推。然后，机器选择在前 n 步里具有最大估值的一手来下，这个 n 的值由机器设计者决定。这样就可以导出每一步确定的下法。

这样的机器不仅能按规则下棋，而且下出的棋不至于那么荒谬。在任何阶段，如果两三步内就能将对方将死，机器就会这样去做。如果能避免被对方在两三步内将死，机器就会挑避开这种局面的着手下。它能赢下一个愚蠢的或心不在焉的对手，但几乎肯定会输给一个具有相当高水准且认真下棋的对手。换句话说，它绝对可以下得像绝大多数普通人一样好。但这并不意味着它能达到梅尔策尔（Maelzel）的欺诈机器的熟练程度，但不管怎样，它可以取得相当于中级水平的成就。

第二部分

补充章节（1961 年）

第9章 关于学习和自增殖机

我们认为生命系统的现象有两大特征:学习的能力和自我繁 169
殖的能力。这些特性表面上看起来是不同的,但相互间却存在密切联系。会学习的动物是那种能够接受过去的环境改造而变成不同生物形态的动物,因此它们在其个体的生命周期中能够调整自己以适应环境。有繁殖能力的动物能够以其自己的形象(至少是近似的形象)生成另一个版本,尽管不是完全与自身相同的形式,它们不可能不随时间的流逝而变化。如果这种变化本身是可以遗传的,那么我们就为自然选择提供了原材料。正是因为某些行为方式具有遗传不变性,那些被认为有利于种族繁衍的各种行为模式才得以流传,物种才得以确立其存在,而那些有害于这种繁衍的其他因素将被消除。结果是形成了某种种族的或系统发育的学习机制,与之形成对照的是个体的个体发育学习机制。个体发育学习和系统发育学习都是动物得以适应环境的生存模式。

个体发育学习和系统发育学习这两种能力,特别是后者,不仅适用于所有动物,而且可扩展到植物上。实际上,学习能力可以被认为适用于任何生命体。然而,这两种形式的学习在不同类型的生物上所表现出的重要性的程度是不同的。对于人类,以及某种程度上对于其他哺乳动物,个体发育性质的学习和个体适应性被 170

提升到最高程度。事实上,我们可以这样说,人类的大部分系统发育性学习都是为建立良好的个体发育性学习的可能性服务的。

朱利安·赫克斯利(Julian Huxley)在他的论鸟类的心智的奠基性文章[①]中指出,鸟类的个体发育学习能力很弱。昆虫的情形类似。在这两种情形下,对个体而言,最迫切需要的是飞行,因此相应的神经系统的发育具有优先地位,于是个体学习必须从属于这一目标。鸟类的复杂的行为模式——飞行、求爱、抚育幼雏和筑巢——都是在很早以前、无须母亲的悉心指导就能够正确掌握的。

本书专辟一章来讨论这两个相关的主题是完全合适的。人造机器具有学习能力吗?它们能自我复制吗?在本章中我们将试图证明,实际上它们能够学习并能够复制自己,我们将阐明实现这两项活动所需的技术。

在这两个过程中,学习过程较为简单,因此这方面的技术发展也相应地走在前面。这里我将着重讨论博弈机器的学习。这种机器能够根据经验来改进自身的对弈战略和战术。

公认的博弈论当属冯·诺依曼理论[②]。它所给出的策略是一种从残局来看最优而不是从开局来看最优的策略。在残局中,玩家会尽可能争取一着制胜,如果做不到,那么至少是争取平局。他的对手,在走他这步棋之前的一手棋时,则要尽量设法阻止对方下一步下出胜着或导致平局。如果他自己能一着取胜,他就会这样

---

① Huxley, J., *Evolution: The Modern Synthesis*, Harper Bros., New York, 1943.

② von Neumann, J., and O. Morgenstern, *Theory of Games and Economic Behavior*, Princeton University Press, Princeton, N. J., 1944.

做，这样就不会有下一着，他这一手就是对局的最后一着。因此，在此之前对手就会设法采取这样一种方走法，使得即使对手走出最佳着手也无法阻止他走出最终获胜的一着，反之亦然。

像填井字[①]这样的整个策略已知的游戏，从一开始就可以按照这种对策进行。当这一对策可行时，显然这种走法就是该游戏 171 的最佳着法。但在许多像国际象棋和跳棋这样的游戏中，我们的知识不足以给出这种对策的全部走法，我们只能逼近它。冯·诺依曼的逼近论倾向于引导玩家采取极其谨慎的态度，因为他假设他的对手是一个完美的对弈者。

但这种态度并不总是合理的。在战争（这也是一种博弈）中，这通常会导致行动上的优柔寡断，其结果往往不比失败好多少。让我举出历史上的两个例子。当拿破仑在意大利与奥地利人打仗时，他之所以高人一筹，就是因为他认识到奥地利人的军事思想模式还是墨守成规和传统保守的，所以他有充分的理由认定他们不可能利用法国大革命中的士兵所发展出来的新的强行决断的战争方法。其二是当尼尔森与欧洲大陆的联合舰队进行海上作战时，他充分利用了机械化舰船的作战优势。这种机械化舰船已经称霸海洋多年，并已据此发展出一系列作战思想方法。因为他很清楚，他的敌人无法利用这些条件。如果他不尽可能充分利用这个优势，而是假设他面对的敌人具有同样的海战经验并以此为依据谨慎行事，那么从长远来看，他仍可能赢得胜利，但是绝不可能像建

① 填井字（tick-tack-toe），一种填字游戏，两人轮流填符号，一方填 O，另一方填 X，谁能先将三个 O 或 X 填成一行即算胜出。——译者

立海上封锁那样赢得如此迅速和彻底,并导致拿破仑的最终垮台。因此,在这两种情况下,战争的导向因素是指挥官及其对手在过去战斗中积累的统计记录,而不是尝试与完美的对手进行一场完美的比赛。在这些情况下,直接运用冯·诺依曼博弈论的方法将被证明是徒劳无益的。

同样,有关国际象棋理论的书也不是按冯·诺依曼的观点来写的。它们是高段棋手之间通过高质量对局所展示的广泛的实战对弈经验的纲要总结。他们对每一手棋的得失,对实施机动、掌控局面、出子和引起局面变化的其他因素都给与一定的价值或权重。

制造一种会下棋的机器并不很困难。如果仅仅是服从对弈规则,只考虑棋子的合法移位,那么一台相当简单的计算机就能轻易做到。事实上,将普通的数字机器用于这些目的并不难。

172 现在我们来考虑在游戏规则下的对策问题。我们将每一个棋子、每一个局面的掌控、每一步机动等等的价值都内在地简化为数值项;当这一步完成后,棋书给出的作战原则便可以用来确定每一阶段的最佳着法。这种机器已经制造出来了,它们已具有非常业余的棋手的水准,虽然目前还达不到大师级对弈的水平。

想象你自己与这样一台机器对弈。为使局面公平,我们假设你是通过网络在下棋,你不知道对手是一台机器,因而不会由此产生可能的偏见。像普通的街头下棋一样,你自然会去判断对手的对弈个性。你会发现,当同样的局面在棋盘上出现两次时,你的对手的反应也是同样的,于是你会发现它有一种非常死板的个性。如果你的计谋可以起作用,那么它总是在相同的局面下起作用。这样专业级棋手很快就能摸清机器对手的棋路,每次都能击败它。

然而，有好些机器并不能被如此轻易地击败。我们假设机器每下几局就叫暂停，然后去做另一件事情。这件事不是对弈，而是检查存储在记忆中的所有以前的对弈记录，重新确定每个棋子、每个局面的掌控、每一步机动的价值和权重，以便下一步取胜。这样，它不仅能从自己的失败中吸取教训，而且能从对手的成功中学到经验。现在所有的着法都有了新的估值，它以一台新的更好的机器棋手的面貌出现。这台机器将不再具有刚性的个性，你使出的一度成功的着法最终都将失败。不仅如此，它还可以随时吸取对手的策略。

对国际象棋而言，所有这一切做起来是非常困难的，事实上，这种技术的全面发展，即能下出大师级水平的机器，还没有实现[①]。跳棋对付起来要容易一些。跳棋棋子的价值均等，这大大减少了要考虑的组合数。此外，也正是由于这种棋子的同质性，跳棋对弈过程可划分的阶段数也大大少于国际象棋。即使在跳棋中，赢棋的主要问题也不再是吃子，而是与对手建立起一种联系，造成得势局面。同样，在国际象棋中，每一着的价值在不同阶段有着不同的价值。在考虑当务之急时，不仅残局时的考虑不同于中局，而且开局时的考虑也不同于中局。开局时我们更多地是考虑如何将子力布置到适于攻防的机动位置。因此我们不可能从整盘棋出发对各种加权因子进行统一的评估，而只能是将学习过程分成若干个独立阶段。只有这样，我们才有望构造出一种可以下出 173

① 1997年5月11日，IBM的超级计算机程序“深蓝”以3.5比2.5(2胜1负3平)的成绩击败等级分排名世界第一的棋手加里·卡斯帕罗夫，标志着智能机器取得了历史性的突破。——译者

大师级水平的棋的学习机。

一阶编程(在某些情况下可能是线性的)与二阶编程(主要是利用过去的大量数据来确定一阶编程所要执行的策略)相结合的思想,本书在前面讨论预测问题时就已提到过。预报器利用飞机前面的飞行数据为基础,运用线性操作来预测飞机未来的航迹。但如何确定正确的线性运算则是一个统计问题,其统计的基础是该款飞机过去远期的飞行状态和过去多次做类似飞行时的状态。

利用过去远期的统计结果来确定过去近期所采用的策略,这种统计研究是高度非线性的。事实上,在运用维纳-霍普夫方程进行预测时[①],该方程系数的确定就是以非线性方式进行的。通常,学习机通过非线性反馈来运行。萨缪尔[②]和瓦塔纳贝[③]描述的国际象棋程序经过 10—20 小时的训练就可以相当自洽的方式击败编程人员。

瓦塔纳贝关于运用编程机器的思想非常令人兴奋。他运用一种根据某种优美和简单性判据给出的优化方法来证明基本几何定理,并将这种方法看成一种博弈学习过程,其对手不是某个个人,而是我们称之为"伯吉上校"(Colonel Bogey)的音乐作品。当我174 们希望在经济、直接等价值判断基础上,用确定的有限数量的未定

---

① Wiener, N., *Extrapolation, Interpolation, and Smoothing of Stationary Time Series with Engineering Applications*, The Technology Press of M.I.T. and John Wiley & Sons, New York, 1949.

② Samuel, A. L., "Some Studies in Machine Learning, Using the Game of Checkers", *IBM Journal of Research and Development*, **3**, 210 - 229 (1969).

③ Watanabe, S., "Information Theoretical Analysis of Multivariate Correlation", *IBM Journal of Research and Development*, **4**, 66 - 82 (1960).

参数值的方法，来建立一种准美学的优化理论时，我们就是在运用逻辑归纳的方式玩一种类似于瓦塔纳贝所研究的那种游戏。这种游戏确实只是一种有限的逻辑归纳游戏，但值得研究。

许多形式的争斗活动——通常我们不将其看成游戏——可以借助于游戏机理论来得到大量启发。一个有趣的例子是猫鼬与蛇之间的搏斗。正如吉卜林(R. Kipling)在短篇小说"里奇-提奇-塔维"[①](Rikki-Tikki-Tavi)中指出的那样，猫鼬并不对眼镜蛇的毒素有天然的免疫性，虽然在某种程度上它受到其覆有硬毛的外皮的保护，使得蛇很难咬伤它。正如吉卜林所描述的，这场战斗是一场生死存亡的舞蹈，一场比耐力和敏捷性的战斗。没有理由认定猫鼬的个别动作一定比眼镜蛇的更快或更准确。单猫鼬几乎总是能杀死眼镜蛇而自己毫发无伤。它是怎么做到这一点的呢？

在这里我给出一个在我看来十分合理的解释。我见过这样的战斗，也从其他电影里看到过类似的战斗场景。我不保证我用作解释的观察一定十分准确。开始时猫鼬以一种佯攻来引诱蛇对它的进攻。猫鼬闪避开，并发起另一次佯攻。这里我们看到动物的两种节奏的活动模式。然而，这种舞蹈不是机械重复的，而是逐渐发展的。随着战斗的持续，猫鼬发起的佯攻相对于眼镜蛇的攻击变得越来越提前，直到眼镜蛇的身体拉长不能迅速移动时，猫鼬才发动最后的攻击。这一次，猫鼬的攻击可不是一种佯攻，而是对准眼镜蛇的脑袋给予致命的一口。

---

① 这是吉卜林于1894年出版的选集《丛林丛书》里的一个短篇故事。——译者

换句话说,眼镜蛇的行动模式只限于单一的出击,每一次出击都是为出击而出击,而猫鼬的动作模式则包括了对过去一段时间(如果不说是很长的话)战斗过程的观察。在这个意义上,猫鼬的行为就像一台学习机,其攻击的真正致命性取决于其高度发达的神经系统。

正如几年前的一部迪斯尼电影所表现的,当一只西部的鸟(哔哔鸟)袭击一条响尾蛇时,所发生的事情与上述情形类似。只不过鸟是用喙和爪子,而猫鼬是用牙齿,但是活动模式非常相似。斗牛也是这方面的一个非常好的例子。因为你必须记住,斗牛不是一种运动,而是一场死亡的舞蹈,它展现了公牛和斗牛士之间的美感和相互协调的行动。平心而论,公牛最初并没有参与进来,从我们的角度来看,我们可以略去最初对公牛的驱赶和示弱,其目的是将比赛的两个参与者的相互作用行为模式提升到最高水平。技术娴熟的斗牛士有多套可采用的套路,例如抖落披风、各种闪避动作和踮脚转圈等等,这些意图都是要使公牛进入一种猛攻的状态,并延续到斗牛士准备将标枪精准刺入公牛心脏的那一刻。

我所说的关于猫鼬与眼镜蛇之间,或是斗牛士与公牛之间的搏斗,也适用于人与人之间的体育比赛。考虑一场用短剑进行的决斗。它包括一系列的佯攻、闪避和冲刺,决斗双方的意图都是使对手刺出的剑走空,使他能够刺中对方而不被对方刺中。同样,在网球比赛中,仅仅考虑将每个球击回是远远不够的,这里的对策是要强迫对手在回球过程中疲于奔命,逐渐耗尽他的体力,直到没有办法能安全地回球。

这些体育比赛和我们认为游戏机所玩的游戏有着相同的学习

要素。这就是摸清并掌握对手的习惯和自己的习惯。那些在体育比赛中起作用的因素同样也适用于高度智力的比赛,如战争和模拟战争的游戏。军事参谋赢得战争胜利靠的就是军事经验这一要素。无论是古代的陆战还是海战是如此,对于现代的非核战争依然如此。某种程度的机械化,就像学习机通过学习能够博弈一样,对所有这些过程都是可行的。

没有什么比第三次世界大战更危险的了。值得考虑的是,是否有部分危险是源自对学习机的滥用。我不止一次听到过这样的说法,即学习机不可能让我们面临任何新的危险,因为当我们感觉到这一点时我们可以把它们关掉。但是我们能做到吗?要想有效地关闭一台机器,我们必须掌握有关危险的临界点是否到来的信息。我们能制造机器,这并不能保证我们具有控制它的适当信息。在我们谈论机器棋手通过非常有限的训练时间就能够击败给他编程的人时,就已经隐含了这一层意思。况且现代数字机器的运行速度已经快到超出了我们对危险迹象加以识别和思考的能力。 176

关于有巨大威力和有执行对策的巨大能力的非人力设备及其危险性的想法并不新鲜。新鲜的是我们现在真的拥有了这种有效的装置。在过去,类似的可能性都认为是魔术技巧,由此还形成了许多传说和民间故事。这些故事深入探讨了魔术师的道德境遇。我在一本早期出版的名为《人有人的用处》[①]的书中讨论了魔术的

① Wiener, N., *The Human Use of Human Beings*, Cybernetics and Society Houghton Mifflin Company, Boston, 1950.

传奇道德的某些方面。在这里我复述一下我在那里讨论的一些材料,以便在新的学习机的条件下更准确地予以说明。

一个最著名的魔术故事是歌德的“魔法师的徒弟”。在这个故事里,魔法师出门时留下了他的徒弟和管家去做提水的杂务。小徒弟想偷懒,但他很聪明,于是他就把这项工作交给了一把扫帚去做。他念起了从师父那里学来的魔咒,扫帚忠实地为他工作,提来水倒进浴缸里,一刻也不歇息。男孩高兴地跳进浴缸玩耍。浴缸的水满了,但扫帚还在不停地往里倒水,小徒弟面临被淹死的危险,他这才想起他不知道或是忘记了让扫帚停下来的第二个咒语。绝望之际,他拿过扫帚将它一劈两半,但他惊恐地发现每一半扫帚仍在继续取水。幸运的是,在他彻底绝望之前主人回来了,念起法术停止了扫帚的行动,并对徒弟进行了严厉的责骂。

另一个故事是阿拉伯的《一千零一夜》里的“渔夫和魔鬼”的故事。渔夫打渔时捞上来一个盖有所罗门印章的密封瓶。瓶子里囚禁的是背叛所罗门的魔鬼。渔夫好奇刮去铅封打开了瓶子。随着一阵烟雾的腾空而起,魔鬼巨大的身影现身了。他告诉渔夫,在他前一百年的监禁中,他曾决定用权力和财富来奖励救他出来的人,但现在四百年过去了,他决定杀死放他出来的人。幸运的是,渔民设计又将魔鬼装回到瓶子里,并将瓶子扔回了海底。

177　比这两个故事更可怕的是一则关于“猴爪”的寓言。这是本世纪初英国作家雅可布斯(W. W. Jacobs)写的一则寓言。一个退休的英国工人与他的妻子和朋友——一位自印度返回英国的军士长——在家闲坐。军士长向东道主展示了一个干瘪的护身符猴爪。这是一位印度圣徒赠予的。这位圣徒许诺可以满足三个人每人三个愿望,用以说明蔑视命运是愚蠢的。军士长说他不知道第一个人的头两个愿望,但知道最后一个愿望是死亡。同时他告诉他的朋友,他自己是三个人中的第二个,但不愿意谈论他自己所经历的恐怖体验。他把爪子丢进火里,但他的朋友又将它取了回来,并想试试它的威力。他的第一个愿望是得到 200 英镑。此后不久,有人敲门,他儿子受雇的公司的一名官员走了进来。父亲得知儿子已被机器轧死,而且公司不承认有任何责任或法律上的义务,但愿意付给他父亲 200 英镑的抚慰金。悲痛欲绝的父亲又许下了一个愿望,希望儿子能回来。这时又有敲门声,门开了,进来一样东西,不消说,这是儿子的亡魂。他的最后一个愿望是让这个鬼魂离开。

在所有这些故事里,关键一点是魔法执行者都是死板的脑袋。如果我们要求他们施舍恩惠,我们必须要求我们真正想要的,而不是我们认为我们想要的。新的和真正的学习机也是这样的死脑筋。如果我们要设计一台机器来赢得一场战争,我们就必须好好想想我们的获胜到底意味着什么。学习机必须按经验编程。人们关于核战争的唯一经验不是来自直接的灾难,而是来自模拟战争的游戏。如果我们要在紧急情况下利用这一经验作为我们的行动指南,那么在编程游戏中所取得的胜利的价值就必须与我们在实际战争结果中所掌握的价值观相同。我们还没有如何面对这种直接的、彻底的和不可挽回的危险的经验。我们不能指望机器在偏见和情感妥协方面能够按照我们的意愿行事,我们可以用胜利的名义来看待毁灭。如果我们要求胜利,却不了解其真实意义,那么我们就会发现幽灵正在敲我们的门。

学习机就谈这么多。现在让我谈谈关于自传播机器的问题。“机器”和“自传播”这两个词都很重要。机器不仅是物质形式,而178 且是实现某种明确目的的机构。而自传播不仅仅是对某种有形复制品的创造,而且它创造的还是一个具有相同功能的复制品。

在这里,有两种不同的观点成为证据。其中第一个纯粹是上两个概念的组合,涉及机器是否有足够的部件和足够复杂的结构以使自我复制的功能得以实现的问题。这个问题得到了已故的约翰·冯·诺依曼的肯定回答。另一个问题涉及建造自我复制机器的实际操作程序。在这里,我要把注意力集中在这样一类机器上,它虽然不包括所有的机器,但具有很强的通用性。我指的是非线性传感器。

这种机器有一个作为时间的单值函数的输入和作为另一个时间函数的输出。其输出完全由过去的输入决定,但一般来说,输入的增加并不增加相应的输出。这种装置称为传感器。所有传感器——线性的或非线性的——有一个共同特征,就是时间平移不变性。如果一台机器执行某一功能,那么,如果输入在时间上前移一定的量,则输出也会有相同的量的前移。

我们的自增殖机理论是基于非线性传感器表示的一种规范形式。那种在线性装置理论中非常重要的阻抗和导纳概念在此并不完全适用。我们必须参照某种更新颖的方法来给出这种表示。这种方法部分是由我①,部分是由伦敦大学的丹尼斯·加博尔(Den-

① Wiener, N., *Nonlinear Problems in Random Theory*, The Technology Press of M.I.T. and John Wiley & Sons, Inc., New York, 1958.

nis Gabor)教授[①]发展出来的。

虽然加博尔教授的方法和我自己的方法都导向非线性传感器的构造,但从下述意义上说它们是线性的:这种非线性传感器用一个输出来表示,这个输出是具有相同输入的一组非线性传感器的输出之和。这些输出以不同的线性系数组合在一起。这使我们在设计和说明非线性传感器时能够利用线性展开理论。特别是,这种方法允许我们用最小二乘法来求出各项的系数。如果我们将这一方法与所有输入的统计平均方法结合起来,我们基本上就建立起了正交展开理论的一个分支。这种非线性传感器理论的统计基础可以从过去对每一种特定输入情形下的统计的实际研究中获得。 179

以上是对加博尔教授的方法的粗略描述。而我的方法基本上与此类似,只是我的统计基础稍有不同。

众所周知,电流不是连续进行的,而是由电子流传导的。这些电子必然存在偏离均匀性的统计变化。这些统计涨落可以用布朗运动的理论,或用关于散粒效应或电子管噪声的类似理论来表述,对此我将在下一章做些阐述。不管怎样,我们总可以制造出这样的装置,它能够产生具有高度特定的统计分布的标准化散粒效应。实际上,具有商用价值的这种装置正在被制造出来。注意,在某种意义上,管噪声是一种普遍存在的输入,其涨落在足够长的时间内迟早会逼近任何给定的曲线。对于这种管噪声我们有一个非常简

① Gabor, D., "Electronic Inventions and Their Impact on Civilization", *Inaugural Lecture*, March 3, 1959, Imperial College of Science and Technology, University of London, England.

单的积分和平均理论。

根据管噪声的统计,我们很容易确定一组封闭的规范正交的非线性运算。如果服从这些运算的输入具有与管噪声相对应的统计分布,那么设备的两个分支的输出的平均乘积将为零。这里的平均值是相对于管噪声的统计分布而言。此外,每个设备的均方输出可以归一化为1。于是,运用熟悉的正交规范函数理论,我们可以用这些分量对一般的非线性传感器做展开。

特别是,装置的各个分支的输出是带以过去的输入作为拉盖尔系数的厄米多项式的乘积。关于这一点的详细说明见我的《随机理论中的非线性问题》一书。

乍看起来,要对一组可能的输入做平均自然很困难。能使这一困难任务得以完成的条件是,散粒效应输入具有已知的度量可递性或遍历性。在几乎每一个事例中,散粒效应输入的分布参数的可积函数都有一个等于其系综平均的时间平均值。这使得我们可以采用有共同的散粒效应输入的两分支装置,可以用它们的乘积和时间平均指来取代它们的可能输入的乘积的系综平均值。所有这些过程所需的操作只涉及势的加法、势的乘法和时间平均运算。具有所有这些运算的设备已经存在。事实上,实现加博尔教授的方法所需的基本设备和我所需要的一样。他的一个学生发明了一种特别有效和便宜的乘法器,其工作原理是两个线圈的吸引力在晶体上产生的压电效应。

这等于说,我们可以用一系列线性项的和来模拟任何未知的非线性传感器,其中每一项有固定的特征和一个可调系数。这个系数可以被确定为未知传感器的输出与特定的已知传感器的输出的乘积的平均值，当我们将同一个散粒效应发生器连接到这两个传感器的输入端时。更进一步，采用让各个系数自动地传送给各反馈装置的办法，而不是先在一台装置上计算出结果，然后手动地将之输送给传感器，由此产生一种对装置的碎片化模拟，这不会有任何特别的困难。我们已经成功做到的是，制造出一个能模拟任何非线性传感器的特点的白箱，然后将它与一个给定的黑箱传感器进行类比，做法是给二者加载相同的随机输入，并以适当方式将设备的输出联系起来，从而实现无需任何人为干预的适当组合。

试问从哲学上看，这个过程与用基因作为模板来复制的过程（从氨基酸和核酸的不确定的混合物中生成另一个具有相同基因的其他分子），以及病毒在宿主的组织和体液内复制形成新的自体病毒的过程，有什么本质的不同？我不会说这些过程在细节上是相同的，但我认为它们在逻辑上是非常相似的现象。

第10章　脑电波和自组织系统

181　在前一章中，我讨论了学习和自传播的问题，因为它们既适用于机器，又（至少是在类比意义上）适用于生命系统。在这里，我将重复我在序言中所作的一些评论，以及我认为能够立即加以利用的技术。正如我已指出的，这两种现象是密切相关的，因为前者是个体借助于经验来适应环境的基础，这是我们所说的个体学习；而后者，通过提供变异和自然选择所需的材料，成为系统学习的基础。正如我提到的，哺乳动物，尤其是人，能够在很大程度上通过个体学习来适应自身所处的环境；而鸟类则具有非常不同的行为模式，在个体生命过程中少有学习，它更多的是依靠系统发育学习。

我们已经见识了非线性反馈在这两个过程的起源中的重要性。本章着重研究一个特定的、在其中非线性现象起着很大作用的自组织系统。我在这里要描述的就是我认为发生在自组织系统中的脑电图或脑电波。

在我们具体讨论这个问题之前，我必须先说明脑电波是什么，以及如何在数学上对其结构进行精确处理。很多年前我们就知道，神经系统的活动伴有一定的电位。在这一领域的初次观察可
182　追溯到上个世纪初由伏打和伽伐尼在蛙腿肌肉上做的预备性实

验。由此诞生了电生理学这门学科。然而，在本世纪前25年里，这一学科一直进展缓慢。

为什么生理学的这一分支的发展是如此缓慢，这个问题很值得思考。最初用于生理电位研究的装置只有电流计。这些仪表有两个缺点。首先是用于电流计中线圈励磁和推动指针移动的全部能量均来自神经本身，这个能量太小了。其次是当时的这种电流计的移动部分有相当大的惯性，需要有一个非常大的恢复力才能使指针停在准确的位置上。就是说，电流计本质上不仅是一只记录仪表，而且是一只扭曲了的仪表。早期最好的电生理学用电流计是艾因特霍芬(W. Einthoven)研制的弦线电流计，其中移动部分被减化到仅剩单根弦线。尽管按当时的标准这只仪表已经足够好，但仍不足以无严重失真地记录小的电位。

因此，电生理学必须等待一种新技术。这项技术是电子学技术，它有两种形式。一是基于爱迪生发现的有关气体传导的某些现象，由此产生了真空管或用于放大的电子管。它能够忠实合理地将弱电位放大成强电位。由此，它使得我们能够利用一种由神经系统控制的能量而非其产生的能量来推动记录装置的指针。

第二项发明同样涉及电真空传导，这就是所谓的阴极射线示波器。它能够运用比以往任何电流计的指针都要轻得多的介质来指示仪器的刻度，这种介质就是电子流。借助于这两个装置，甚至其中一个，本世纪的生理学家已经能够忠实地记录小电位的时间变化轨迹，其精度是19世纪完全不能想象的。

通过这些手段，我们能够精确记录放置在头皮上或植入大脑中的两个电极之间微小电位的时间演化。虽然这些电位在19世 183

纪就已观察到,但这种新的准确记录的可行性在二三十年前大大激发了生理学家的希望。在运用这些设备来直接研究大脑活动的可能性这一领域里,领先的有德国的伯杰(H. Berger)、英国的艾德里安(E. D. Adrian)和马修斯(B. H. C. Matthews)以及美国的贾斯珀(H. H. Jasper)、戴维斯(H. Davis)和吉布斯夫妇(Gibbs, E. L.和 F. L.)。

必须承认,脑电图的近期发展至今仍无法满足该领域早期工作者所期待的美好愿望。他们所获得的数据是用墨水笔记录下来的。这些数据非常复杂,绘出的是不规则的曲线;虽然有可能分辨出某些主要频率,如每秒钟大约 10 个振荡的 α 节律,但墨水记录不合适做进一步的数学处理。结果是脑电图与其说是科学不如说更像一门艺术,它依赖于训练有素的观察者根据大量经验来识别墨水记录的某些属性的能力。它有一个非常基本的缺陷,就是对脑电图的解释存在很大的主观性。

在 20 世纪 20 代末和 30 年代初,我对持续过程的谐波分析很感兴趣。虽然物理学家很早以前就曾考虑过这样的过程,但关于谐波分析的数学几乎仍局限于对周期过程的研究,或是对那些随着时间趋于正或负的无穷大时,该量在某种意义上趋于零的过程的研究。在将持续过程的谐波分析建立在坚实的数学基础上方面,我的工作属于最早的尝试。在这方面我发现,其基本概念就是自相关的概念,泰勒(现在尊称为杰弗里·泰勒爵士)在湍流研究中就已用到了这个概念。[①]

---

① Taylor, G. I., "Diffusion by Continuous Movements", *Proceedings of the London Mathematical Society*, Ser. 2, **20**, 196 - 212 (1921 - 1922).

这种自相关函数 $f(t)$ 由 $f(t+\tau)$ 与 $f(t)$ 的乘积的时间平均来表示。引入时间的复函数是有好处的，尽管在实际情形下我们处理的是实函数。现在，自相关变成了 $f(t+\tau)$ 与 $f(t)$ 的共轭的乘积。无论是用实函数还是用复函数，$f(t)$ 的功率谱都是由自相关的傅里叶变换给出的。

前已提到墨水记录不适合做进一步数学处理。要想使自相关的想法能够发挥大作用，就必须找到其他更适于仪器记录方法来取代这些墨水记录。 184

记录小的涨落电位以便进一步处理的一种最佳方法是采用磁带。这种方法允许我们以永久的形式储存涨落电位，方便以后使用。大约在十年前，在罗森布利斯（Walter A. Rosenblith）教授和布雷热（Mary A. B. Brazier）博士的指导下，[①]麻省理工学院的电子学研究实验室曾研发出一款这样的仪器。

在这个装置中，磁带上的信号采用频率调制的形式记录。这样做的原因是，磁带在读取时总会有一定量的擦除。如果采用调幅记录形式，这种擦除将引起所传送的消息的变化，因此在连续读取磁带时，我们传递的实际上是一个变化了的消息。

在频率调制中也有一定量的擦除，但我们读取磁带的仪器对振幅信号相对不敏感，只读取频率。除非磁带被擦除的是如此严重以至于完全读不出信息，否则部分磁带的擦除将不会明显影响到它所承载的信息。因此这种磁带可以反复读写很多次，其精度

① Barlow, J. S., and R. M. Brown, *An Analog Correlator System for Brain Potentials*, Technical Report 300, Research Laboratory of Electronics, M. I. T., Cambridge, Mass. (1955).

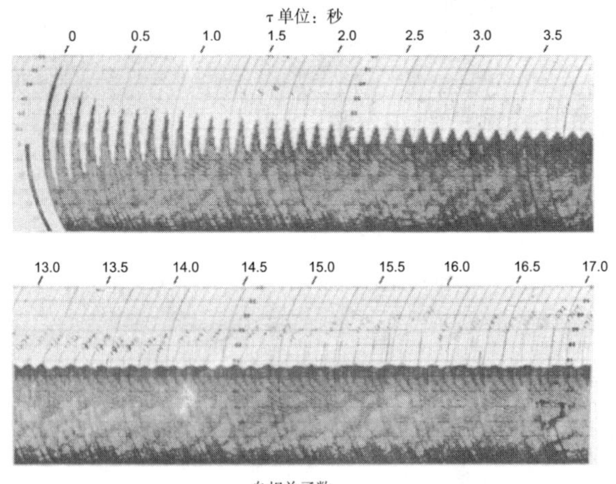

自相关函数

图 9

与第一次读取时的精度基本上相同。

从自相关的性质可以看出，我们需要的是这样一种工具，它通过可调节的量来延迟磁带的读取。如果持续时间为 A 的一段磁带记录长度由这样一个装置来播放，它的前后两个重放磁头所产生两个信号，除了有时间上的相对延迟之外，其他完全相同。这里时间延迟取决于两个放音头之间的距离和磁带的速度，并且可以随意调节。我们可以将其中一道音轨叫作 $f(t)$，另一道叫作 $f(t+\tau)$，其中 τ 是时间延迟。二者的乘积可以通过(例如)平方律整流器和线性混频器来形成，这里利用了如下恒等式：

$$4ab=(a+b)^2-(a-b)^2 \tag{10.01}$$

这个乘积信号可以输入到一个时间常数远大于信号样本的持续时间 A 的电阻-电容网络积分器来进行运算，所得结果是一个平均

185

近似值。这个平均值正比于延迟 τ 的自相关函数值。对不同的 τ 值重复这一过程，即产生一组自相关值(或更确切地说，一组在大的时间基 A 上的样本自相关函数值)。图 9 显示了一个实际的这种自相关曲线[①]。应当指出的是，则例只显示了半条曲线，因为负时间的自相关与正时间的是相同的，至少在我们取自相关是实函数时所得曲线是这样。

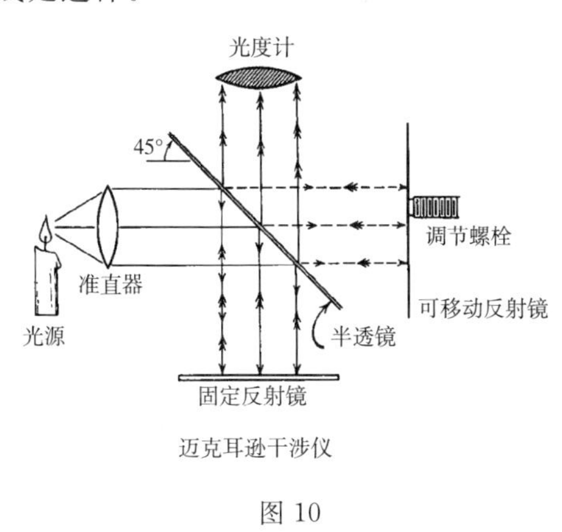

图 10

应当指出，在光学上，类似的自相关曲线已经使用了很多年，所用仪器是迈克耳逊干涉仪(图 10)。迈克耳逊干涉仪由反射镜和透镜系统组成，它将一束光分成两束，分别沿不同长度的光路行 186 走，最后再返回来合成一束。不同长度的路径导致不同的时间延迟，由此形成的输出束是这样两路入射束——它们可以分别称为 $f(t)$和 $f(t+\tau)$——的总和。当我们用对功率敏感的光度计对出

① 这一工作是与麻省州立医院神经生理实验室和麻省理工学院通信生物物理实验室共同合作进行的。

射束的强度进行测定时，光度计读出的信号正比于 $f(t)+f(t+\tau)$ 的平方，因此包含了正比于自相关函数的一项。换句话说，干涉条纹的强度（除了线性变换）会给出自相关信息。

在迈克耳逊的工作中所有这些都是隐含着的。可以看出，通过对条纹进行傅里叶变换，干涉仪便给出了出射光的功率谱，因此这台干涉仪实际上是一台光谱仪。这的确是我们所知道的最精确的光谱仪。

这种类型的光谱仪最近几年才有了用武之地。我听说它现在已成为精密测量的重要工具。它的意义在于，我在这里将要提出的有关自相关记录的技术也同样适用于光谱学，并且提供了一种将光谱仪所能产生的信息推向极限的方法。

187　我们来讨论利用自相关来提取脑电波频谱的技术。设 $C(t)$ 是 $f(t)$ 的自相关。于是 $C(t)$ 可以写成如下形式：

$$C(t)=\int_{-\infty}^{\infty} e^{2\pi i\omega t}dF(\omega) \tag{10.02}$$

这里 F 总是 ω 的一个递增函数，或至少是 ω 的非递减函数，我们称其为 f 的积分谱。一般来说，这个积分谱由三部分相加而成。谱的线谱部分只是按可数点集的方式增加。除去这部分，剩下的是连续谱。这种连续谱本身由两部分组成，其中一部分仅为测度零的可测集上的增函数，另一部分是绝对连续的，是正的可积函数的积分。

从现在开始，我们假设，略去谱的前两部分——离散部分和在测度零的集上递增的连续部分。在这种情况下，我们可以写出

$$C(t)=\int_{-\infty}^{\infty} e^{2\pi i\omega t}\phi(\omega)d\omega \tag{10.03}$$

其中 $\phi(\omega)$是谱密度。如果 $\phi(\omega)$属于 L^2 勒贝格类，则我们可将其写成

$$\phi(\omega)=\int_{-\infty}^{\infty}C(t)e^{-2\pi i\omega t}dt \tag{10.04}$$

通过观察脑电波的自相关函数我们将看到，谱功率的主要部分在 10 Hz 附近。在这种情况下，$\phi(\omega)$有类似下图的形状。

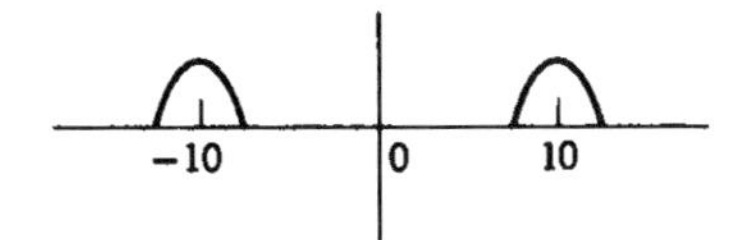

频率 10 Hz 和 -10 Hz 附近的两个峰彼此为镜像。

数值上进行傅里叶分析的方法有很多，包括采用积分工具和数值计算过程。但如果运用这两种工具，峰值在 10 和 -10 而不是在 0 附近会很不方便。但我们可以采用多种谐波分析的方法将频率移零频附近，这样便大大减少了要执行的工作。我们注意到： 188

$$\phi(\omega-10)=\int_{-\infty}^{\infty}C(t)e^{20\pi it}e^{-2\pi i\omega t}dt \tag{10.05}$$

换言之，如果我们将 $C(t)$乘上 $e^{20\pi it}$，那么新的谐波分析将给出两个频带，一个在零频附近，另一个在 +20 Hz 附近。如果采用平均的方法（相当于滤波器）来执行这个乘法以便除去 +20 Hz 的频带，我们便可将前述谐波分析约化为零频率附近的谐波分析。

现在

$$e^{20\pi it}=\cos 20\pi t+i\sin 20\pi t \tag{10.06}$$

因此，$C(t)e^{20\pi it}$的实部和虚部分别由 $C(t)\cos 20\pi t$ 和 $iC(t)\sin 20\pi t$ 给出。+20 Hz 附近频率的去除可通过让这两个函数通过低通滤波器滤波来实现，这种滤波相当于在 1/20 秒或更长时间上

取时间平均。

假设我们有一条曲线,其中大部分功率集中在 10 Hz 频率附近。当我们用 $\cos 20\pi t$ 或 $\sin 20\pi t$ 来乘以这个函数,我们将得到这样一条曲线,它是两部分的和,其中一部分有如下性态:

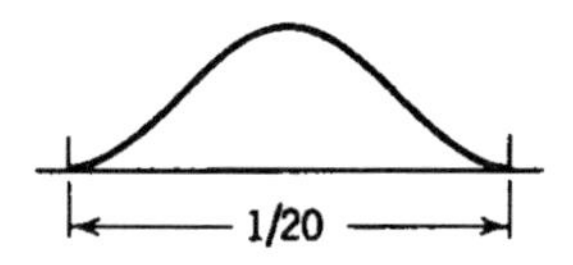

另一部分的性态为:

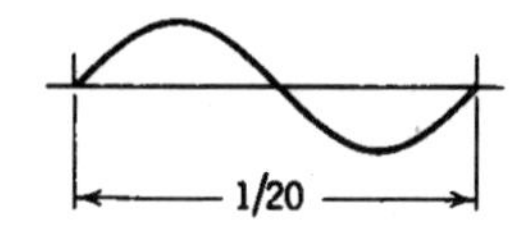

当我们在 1/10 秒的时间上对第二条曲线作平均后,我们得到零。当我们对第一条曲线做平均后,我们得到其最大高度的一半。其结果是,通过对 $C(t)\cos 20\pi t$ 和 $iC(t)\sin 20\pi t$ 做平滑,我们分别得到这个其频率分布主要集中在零频附近的函数的实部和虚部的好的近似。$C(t)$的部分频谱在 10 Hz 附近。现在令 $K_1(t)$ 是 $C(t)\cos 20\pi t$ 的平滑结果,$K_2(t)$是 $C(t)\sin 20\pi t$ 的平滑结果。我们希望得到:

189

$$\int_{-\infty}^{\infty}[K_1(t)+iK_2(t)]e^{-2\pi i\omega t}dt$$

$$=\int_{-\infty}^{\infty}[K_1(t)+iK_2(t)][\cos 2\pi\omega t-i\sin 2\pi\omega t]dt \quad (10.07)$$

这个表达式必须是实的,因为它是一个谱。因此它等于

$$\int_{-\infty}^{\infty}K_1(t)\cos 2\pi\omega t\,dt+\int_{-\infty}^{\infty}K_2(t)\sin 2\pi\omega t\,dt \quad (10.08)$$

换句话说,如果我们对 K_1 做余弦分析,对 K_2 做正弦分析,然后加

起来，我们便得到了 f 的位移了的光谱。可以证明，K_1 是偶函数，K_2 是奇函数。这意味着，如果我们对 K_1 做余弦分析，然后加上或减去 K_2 的正弦分析结果，我们将分别得到距中心频率左右 ω 距离上的两个谱。这种获得频谱的方法叫作外差法。

对于自相关函数局部接近正弦周期的情形，譬如说 0.1 Hz（如图 9 中脑电波自相关函数中所出现的情形），这种外差法的计算可以简化。我们将以 1/40 秒的时间间隔来计算自相关函数。然后再取 0 秒、1 / 20 秒、2 / 20 秒、3 / 20 秒等间隔的时间序列，并且改变那些分子为奇数的分数的正负号。我们依次取适当长度的游程对这些序列取均值，得到一个近等于 $K_1(t)$ 的量。如果以 1 / 40 秒、3 / 40 秒、5 / 40 秒等时间间隔来取时间序列，改变替代量的正负号，然后进行类似上述的平均运算，那么我们将得到一个近似 $K_2(t)$ 的量。由此开始，整个运算程序就清楚了。

这个过程的合理性在于质量分布为

在 $2\pi n$ 点为 1；

在 $(2n+1)\pi$ 点为 -1；

在其他地方皆为零。当我们对这个质量分布做谐波分析时，它将包含频率为 1 的余弦分量而没有正弦分量。同样地，如果质量分布是

190

在 $(2n+1/2)\pi$ 点为 1；

在 $(2n-1/2)\pi$ 点为 -1；

其他地方皆为零。

那么它将包含频率为 1 的正弦分量而无余弦分量。这两个分布还将包含频率 N 的分量，但由于我们分析的原始曲线缺少或几乎不

存在这些频率,因此这些项不会对结果产生任何影响。这大大简化了我们的外差法,因为我们所乘的唯一因子就是+1或-1。

我们发现,在对脑电波做谐波分析时,如果只具备人工手段来处理数据,这时这个外差法非常有用。当有大量的数据需要处理时,如果我们不采用外差法来进行谐波分析的所有细节处理,那么工作量将会非常大。我们关于脑波频谱的谐波分析的所有前期工作都是运用外差法来进行的。但后来,由于可以采用数字计算机来处理数据,减少大量计算工作已不是主要的考虑因素,因此以后的谐波分析工作就都采用直接计算而不再借助于外差法。但在许多数字计算机尚不可用的地方,很多工作仍需要运用采用这种方法,因此我不认为外差法在实践中已过时了。

在此我介绍一下我们在工作中获得的特定自相关的一部分内容。由于自相关包含很长的数据链,不合适整体再现,因此我们只是给出开始时的一段,即在$\tau=0$附近及其外扩的一部分。

图11给出的是图9中显示的部分自相关的谐波分析的结果。在本例中,这个结果是采用高速数字计算机[①]得到的,但我们发现这个谱与我们早先运用外差法手工计算得到的谱之间有很好的一致性,至少在谱的高功率部分附近是这样。

当我们检查曲线时,我们发现在频率9.05 Hz附近,功率呈显著下降。谱明显衰减的位置非常明确,由此所给出的客观量比迄今为止所得到的脑电图中其他任何量都更能精确地加以验证。在我们得到的其他曲线中也有一些表征性的量,但它们在细节的可

① 用的是麻省理工学院计算中心的IBM-709型机器。

靠性方面都存在一些疑问。谱功率的这种突然下降接着在很短的时间内又突然上升，从而在它们之间的曲线有一个凹陷。无论是否存在这种情况，但有一点毋庸置疑，即峰值功率对应于从曲线较低区域拉出的功率。 191

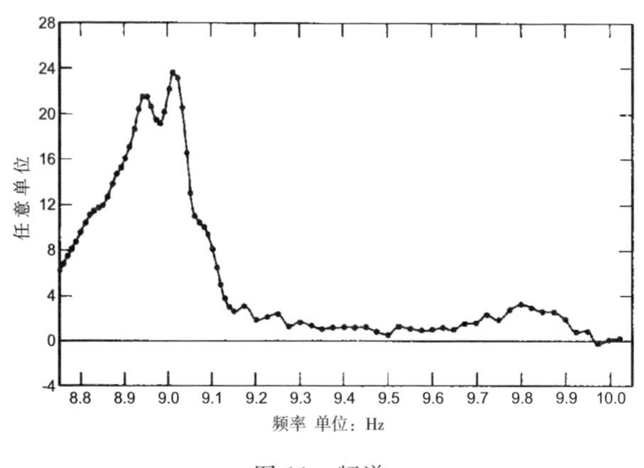

图11　频谱

在我们得到的谱中，有一点值得注意，峰的绝大部分位于大约1/3周期处。一个有趣的事情是，四天后测得的同一个波的另一张脑电图记录显示，这个峰的宽度基本保持不变，更意味深长的是，峰的形状在细节上也基本保持不变。我们还有理由相信，对于其他波，峰值的宽度会有所不同，也许会更窄一些。对这个问题的令人满意的验证有待进一步调查。

我们非常希望这里所提到的工作能够有人以更精密的仪器做出更精确的测量验证，以便对我们在这里提出的建议给出明确的证实或证伪。 192

现在我想谈谈抽样的问题。对此，我将引入一些我以前在做函数空间积分[①]时形成的概念。借助于这个工具,我们将能够构造一个具有给定谱的连续过程的统计模型。虽然这个模型并不是对产生脑波过程的精确复制,但它基本上足以给出有关脑波频谱的均方根误差的统计显著性的信息,正如本章所提出的。

在这里我不加证明地给出某些实函数 $x(t,\alpha)$ 的一些性质,这些性质我在我的广义调和分析的论文中和其他地方都提到过。[②] 实函数 $x(t,\alpha)$ 依赖于变量 t $(-\infty<t<\infty)$ 和变量 $\alpha(0<\alpha<1)$。它代表了一个依赖于时间 t 和统计分布参数 α 的布朗运动的空间变量。表达式

$$\int_{-\infty}^{\infty} \phi(t)\,dx(t,\alpha) \tag{10.09}$$

对从 $-\infty$ 到 ∞ 的所有勒贝格 L^2 类函数 $\phi(t)$ 有定义。如果 $\phi(t)$ 有属于 L^2 的导数,那么式(10.09)定义成

$$-\int_{-\infty}^{\infty} x(t,\alpha)\phi'(t)\,dt \tag{10.10}$$

它通过某种明确的取极限过程对所有属于勒贝格 L^2 类函数 $\phi(t)$ 有定义。其他积分

$$\int_{-\infty}^{\infty}\cdots\int_{-\infty}^{\infty} K(\tau_1,\cdots,\tau_n)\,dx(\tau_1,\alpha)\cdots dx(\tau_n,\alpha) \tag{10.11}$$

可做类似定义。我们要用的基本定理是

$$\int_0^1 d\alpha\int_{-\infty}^{\infty}\cdots\int_{-\infty}^{\infty} K(\tau_1,\cdots,\tau_n)\,dx(\tau_1,\alpha)\cdots dx(\tau_n,\alpha) \tag{10.12}$$

---

① Wiener, N., Generalized Harmonic Analysis. *Acta Mathematica*, **55**, 117–268 (1930); *Nonlinear Problems in Random Theory*, The Technology Press of M. I. T. and John Wiley & Sons, Inc., New York, 1968.

② 同上。

可通过令

$$K_1(\tau_1,\cdots,\tau_{n/2})=\sum K(\sigma_1,\sigma_2,\cdots,\sigma_n) \qquad (10.13)$$

来得到。其中 τ_k 由令所有可能的各对 σ_k 彼此相等(如果 n 是偶数的话)得到。于是式(10.12)可写成(如果 n 是偶数): 193

$$\int_{-\infty}^{\infty}\cdots\int_{-\infty}^{\infty}K_1(\tau_1,\cdots,\tau_{n/2})d\tau_1,\cdots,d\tau_{n/2} \qquad (10.14)$$

如果 n 是奇数,

$$\int_0^1 d\alpha\int_{-\infty}^{\infty}\cdots\int_{-\infty}^{\infty}K(\tau_1,\cdots,\tau_n)dx(\tau_1,\alpha)\cdots dx(\tau_n,\alpha)=0 \qquad (10.15)$$

另一个涉及这些随机积分的重要定理是:如果 $\mathscr{F}\{g\}$ 是 $g(t)$ 的泛函数,使得 $\mathscr{F}[x(t,\alpha)]$ 是一个属于 L 的函数(就 α 而言),且仅依赖于 $x(t_2,\alpha)-x(t_1,\alpha)$,那么对几乎所有 α 值,对每个 t 都有

$$\lim_{A\to\infty}\frac{1}{A}\int_0^A\mathscr{F}[x(t,\alpha)]dt=\int_0^1\mathscr{F}[x(t_1,\alpha)]d\alpha \qquad (10.16)$$

这就是伯克霍夫遍历定理,它已由本书作者①和其他人证明。

在前面提到的 *Acta Mathematica* 上的论文中已经确立,如果 U 是函数 $K(t)$ 的实幺正变换,

$$\int_{-\infty}^{\infty}UK(t)dx(t,\alpha)=\int_{-\infty}^{\infty}K(t)dx(t,\beta) \qquad (10.17)$$

其中 β 不同于 α 之处仅在于前者在区间 (0, 1)上的保测变换下

① Wiener, N., "The Ergodic Theorem", *Duke Mathematical Journal*, **5**, 1－39 (1939); 亦见 *Modern Mathematics for the Engineer*, E. F. Beckenbach (Ed.), McGraw-Hill, New York, 1956, pp. 166－168.

变换到自身。

现在令 $K(t)$属于 L^2，并在普朗谢雷尔的意义上令①

$$K(t)=\int_{-\infty}^{\infty} q(\omega) e^{2\pi i\omega t} d\omega \qquad (10.18)$$

我们来检查实函数

$$f(t,\alpha)=\int_{-\infty}^{\infty} K(t+\tau) dx(\tau,\alpha) \qquad (10.19)$$

194 它表示的是一个线性变换器对一个布朗运动性质的输入的响应。它有如下自相关

$$\lim_{T\to\infty}\frac{1}{2T}\int_{-T}^{T} f(t+\tau,\alpha)\overline{f(t,\alpha)} dt \qquad (10.20)$$

由遍历定理知,它对几乎所有 α 值,都有下述值

$$\int_0^1 d\alpha\int_{-\infty}^{\infty} K(t_1+\tau) dx(t_1,\alpha)\int_{-\infty}^{\infty}\overline{K(t_2)} dx(t_2,\alpha)$$

$$=\int_{-\infty}^{\infty} K(t+\tau)\overline{K(t)} dt \qquad (10.21)$$

因此功率谱几乎总是为

$$\int_{-\infty}^{\infty} e^{-2\pi i\omega\tau} d\tau\int_{-\infty}^{\infty} K(t+\tau)\overline{K(t)} dt$$

$$=\left|\int_{-\infty}^{\infty} K(\tau) e^{-2\pi i\omega\tau} d\tau\right|^2$$

$$=|q(\omega)|^2 \qquad (10.22)$$

这就是实际的谱。在平均时间 A(在我们的例子中为 2700 秒)上的样本自相关为

---

① Wiener, N., "Plancherel's Theorem", *The Fourier Integral and Certain of Its Applications*, The University Press, Cambridge, England, 1933, pp. 46 – 71; Dover Publications, Inc., New York.

$$\frac{1}{A}\int_0^A f(t+\tau,\alpha)\overline{f(t,\alpha)}dt$$

$$=\int_{-\infty}^{\infty}dx(t_1,\alpha)\int_{-\infty}^{\infty}dx(t_2,\alpha)\frac{1}{A}\int_0^A K(t_1+\tau+s)\overline{K(t_2+s)}ds \tag{10.23}$$

求得的这个样本谱几乎总有如下的时间平均值：

$$\int_{-\infty}^{\infty}e^{-2\pi i\omega\tau}d\tau\frac{1}{A}\int_0^A ds\int_{-\infty}^{\infty}K(t+\tau+s)\overline{K(t+s)}dt=|q(\omega)|^2 \tag{10.24}$$

也就是说，样本谱和真谱具有相同的时间平均值。

在许多时候，我们感兴趣的是近似谱，其中对 τ 的积分仅在 $(0, B)$ 上进行，这里 B 对于我们前述的具体例子为20秒。我们记住 $f(t)$ 是实的，而自相关是一个对称函数。因此，我们可以用从 $-B$ 到 B 的积分来取代从0到 B 的积分： 195

$$\int_{-B}^{B}e^{-2\pi iu\tau}d\tau\int_{-\infty}^{\infty}dx(t_1,\alpha)\int_{-\infty}^{\infty}dx(t_2,\alpha)\frac{1}{A}\int_0^A K(t_1+\tau+s) \times\overline{K(t_2+s)}ds \tag{10.25}$$

它有如下平均值：

$$\int_{-B}^{B}e^{-2\pi iu\tau}d\tau\int_{-\infty}^{\infty}K(t+\tau)\overline{K(t)}dt=\int_{-B}^{B}e^{-2\pi iu\tau}d\tau\int_{-\infty}^{\infty}|q(\omega)|^2e^{2\pi i\tau\omega}d\omega$$

$$=\int_{-\infty}^{\infty}|q(\omega)|^2\frac{\sin 2\pi B(\omega-u)}{\pi(\omega-u)}d\omega \tag{10.26}$$

近似谱在 $(-B, B)$ 上的平方为

$$\left|\int_{-B}^{B}e^{-2\pi iu\tau}d\tau\int_{-\infty}^{\infty}dx(t_1,\alpha)\int_{-\infty}^{\infty}dx(t_2,\alpha)\frac{1}{A}\int_0^A K(t_1+\tau+s)\overline{K(t_2+s)}ds\right|^2$$

它有如下均值:

$$\int_{-B}^{B} e^{-2\pi i u\tau} d\tau \int_{-B}^{B} e^{2\pi i u\tau_1} d\tau_1 \frac{1}{A^2}\int_0^A ds \int_0^A d\sigma \int_{-\infty}^{\infty} dt_1 \int_{-\infty}^{\infty} dt_2$$

$$\times [K(t_1+\tau+s)\overline{K(t_1+s)}\,\overline{K(t_2+\tau_1+\sigma)}K(t_2+\sigma)$$

$$+K(t_1+\tau+s)\overline{K(t_2+s)}\,\overline{K(t_1+\tau_1+\sigma)}K(t_2+\sigma)$$

$$+K(t_1+\tau+s)\overline{K(t_2+s)}\,\overline{K(t_2+\tau_1+\sigma)}K(t_1+\sigma)]$$

$$=\left[\int_{-\infty}^{\infty} |q(\omega)|^2 \frac{\sin 2\pi B(\omega-u)}{\pi(\omega-u)} d\omega\right]^2$$

$$+\int_{-\infty}^{\infty} |q(\omega_1)|^2 d\omega_1 \int_{-\infty}^{\infty} |q(\omega_2)|^2 d\omega_2$$

$$\times\left[\frac{\sin 2\pi B(\omega_1-u)}{\pi(\omega_1-u)}\right]^2 \frac{\sin^2 A\pi(\omega_1-\omega_2)}{\pi^2 A^2(\omega_1-\omega_2)^2}$$

$$+\int_{-\infty}^{\infty} |q(\omega_1)|^2 d\omega_1 \int_{-\infty}^{\infty} |q(\omega_2)|^2 d\omega_2$$

$$\times \frac{\sin 2\pi B(\omega_1+u)}{\pi(\omega_1+u)} \frac{\sin 2\pi B(\omega_2-u)}{\pi(\omega_2-u)} \frac{\sin^2 A\pi(\omega_1-\omega_2)}{\pi^2 A^2(\omega_1-\omega_2)^2} \tag{10.27}$$

196 众所周知,如果用 m 来表示均值,我们有

$$m[\lambda - m(\lambda)]^2 = m(\lambda^2) - [m(\lambda)]^2 \tag{10.28}$$

因此样本近似谱的均方根误差为

$$\sqrt{\begin{aligned}&\int_{-\infty}^{\infty} |q(\omega_1)|^2 d\omega_1 \int_{-\infty}^{\infty} |q(\omega_2)|^2 d\omega_2 \frac{\sin^2 A\pi(\omega_1-\omega_2)}{\pi^2 A^2(\omega_1-\omega_2)^2}\\ &\quad\times\left(\frac{\sin^2 2\pi B(\omega_1-u)}{\pi^2(\omega_1-u)^2}+\frac{\sin 2\pi B(\omega_1+u)}{\pi(\omega_1+u)}\frac{\sin 2\pi B(\omega_2-u)}{\pi(\omega_2-u)}\right)\end{aligned}} \tag{10.29}$$

现在,

$$\int_{-\infty}^{\infty} \frac{\sin^2 A\pi u}{\pi^2 A^2 u^2} du = \frac{1}{A} \tag{10.30}$$

因此，

$$\int_{-\infty}^{\infty} g(\omega) \frac{\sin^2 A\pi(\omega - u)}{\pi^2 A^2 (\omega - u)^2} d\omega \tag{10.31}$$

是 $1/A$ 乘以 $g(\omega)$ 的移动加权平均。对于在小的 $1/A$ 范围上平均值几近常数的情形(这在此是一个合理的假设)，我们将得到谱的任意一点上的均方根误差的近似值：

$$\sqrt{\frac{2}{A}\int_{-\infty}^{\infty} |q(\omega)|^4 \frac{\sin^2 2\pi B(\omega - u)}{\pi^2 (\omega - u)^2} d\omega} \tag{10.32}$$

我们注意到，如果样本的近似谱在 $u = 10$ 处有最大值，那么这个值为

$$\int_{-\infty}^{\infty} |q(\omega)|^2 \frac{\sin 2\pi B(\omega - 10)}{\pi(\omega - 10)} d\omega \tag{10.33}$$

对于平滑的 $q(\omega)$，这个值离 $|q(10)|^2$ 不远。作为测量单位，谱对这个值的均方根误差为

$$\sqrt{\frac{2}{A}\int_{-\infty}^{\infty} \left|\frac{q(\omega)}{q(10)}\right|^4 \frac{\sin^2 2\pi B(\omega - 10)}{\pi^2 (\omega - 10)^2} d\omega} \tag{10.34}$$

因此，它不会大于

$$\sqrt{\frac{2}{A}\int_{-\infty}^{\infty} \frac{\sin^2 2\pi B(\omega - 10)}{\pi^2 (\omega - 10)^2} d\omega} = 2\sqrt{\frac{B}{A}} \tag{10.35}$$

在我们已考虑的情形下，它等于　197

$$2\sqrt{\frac{20}{2700}} = 2\sqrt{\frac{1}{135}} \approx \frac{1}{6} \tag{10.36}$$

如果我们假设凹陷现象是真实的，或者说，如果在 9.05 Hz 处曲线有一个突然下降是真实的，那么就有几个与它有关的生理学

问题值得考虑。三个主要问题是:我们观察到的这些现象的生理功能;产生这些现象的生理机制,以及这些观察在医学中可能的应用。

注意:频谱上一个尖锐的脉冲相当于一个精确的时钟。由于大脑在某种意义上是一个控制和计算设备,因此我们很自然会问,其他形式的控制和计算设备是否也用时钟?事实上,大多数这种设备都要用。在这种装置中,时钟是用来门控的。所有这些装置都必须把大量的脉冲组合成一个脉冲。如果这些脉冲仅仅通过开关电路来传递,那么脉冲的定时就不重要了,不需要门控。但采用这种脉冲传递方式的后果是,整个电路在消息发送完之前都被占用,这就造成设备的大部分功能在一个时间上不确定的周期内处于闲置状态。因此,人们希望在计算或控制设备中,消息由一个组合的开关信号传递。这样设备的某个功能块执行完后将立即释放供进一步使用。为了做到这一点,消息必须存储,以便可以同时发出,而在它们仍处于执行状态下时能组合起来。为此目的,我们就需要一个门控,而这种门控采用时钟方式就能方便地实现。

众所周知,至少在较长的神经纤维情形下,神经脉冲是由一系列峰传递的,峰的形状与其产生方式无关。这些峰的结合是突触机构的一项功能。在这些突触中,有许多传入纤维与传出纤维相连。当传入纤维的适当组合在很短的时间间隔内放电时,传出纤维也放电。在这种组合中,传入纤维的效果在某些情况下是加性的,因此,如果放电超过一定量,就会达到一个阈值,准许传出纤维放电。在其他情况下,一些传入纤维具有抑制作用,绝对阻止放电,或设法提高其他纤维的放电阈值。在这两种情况下,短的组合

198

周期是必不可少的，如果传入的消息不能在这个短周期内到达，它们就合并不起来。因此，必须有某种门控机构来使得传入的消息基本上同时到达。否则，突触将不能发挥组合机构的功能。①

但是，我们需要有更多的证据来表明这种门控机制确实存在。加州大学洛杉矶分校心理学系的唐纳德·林德赛（Donald B. Lindsley）教授的一些工作就与此有关。他研究的是视觉信号的反应时间。众所周知，当一个视觉信号到达时，它所刺激的肌肉活动不会立刻发生，而是有一定的延迟。林德赛教授的工作表明，这种延迟不是恒定的，而似乎是由三部分组成。其中之一有恒定长度，而另两个似乎是按大约1/10秒均匀分布。就好像中枢神经系统只要每1/10秒钟就能接收一次传入脉冲，就好像每1/10秒钟就能有一个输出脉冲从中枢神经系统到达肌肉。这是门控的一个实验证据；这种门控与1/10秒——大脑的中央α节律的近似周期——的关联很可能不是偶然的。

中央α节律的功能大致如此。现在的问题是产生这种节律的机制。在这里，我们必须提出这样一个事实：α节律可以由闪光来驱动。如果一个以大约1/10秒为周期的闪烁光传入眼中，大脑的α节律就会被改变，直到出现一个与闪烁周期相同的强成分出现。毫无疑问，这种闪光会在视网膜上产生电闪烁，几乎可以肯定的是，在中枢神经系统中也存在这种电闪烁。

---

① 这是一个关于所发生的事情（特别是在皮层中）的简化图，因为神经元的"全或无"动作取决于它们有足够的长度，从而使传入脉冲能在神经元中以渐近的形式再现。然而在皮层中，由于神经元短小，因此仍有必要同步，尽管这一过程的细节要复杂得多。

然而,有一些直接证据表明,纯粹的电闪烁也能产生类似于视觉闪烁的效果。这个实验已在德国进行。一个房间地面用导电地板铺成,天花板则用绝缘的导电金属板制成。受试者被置于这个 199 房间里,地板和天花板连接到产生交流电的一个发电机上,频率可以是每秒10个周期。受试者的体验效果非常紊乱,非常像类似的闪烁所造成的令人不安的影响。

当然,这些实验有必要在更可控的条件下重复,同时要对受试者进行脑电图同步检测。然而就已有实验的结果而言,有迹象表明静电感应产生的电闪烁会产生与视觉闪烁相同的效果。

重要的是要注意到,如果振荡器的频率可以被不同频率的脉冲所改变,那么这个振荡器的工作机制必然是非线性的。作用于给定频率振荡的线性机制只能产生相同频率的振荡,通常只有相位和振幅的变化。而非线性机制则不是这样,它能够产生多种频率的振荡,这些频率是振荡器的频率与所加的干扰频率之间不同级次的和或差。这种机构很可能移位一个频率;在我们考虑过的情况下,这种移位具有吸引的性质。这种吸引很可能会长期存在,而且在短时间内这个系统将保持近似线性。

考虑大脑中包含多个10 Hz附近频率的振荡器的可能性。在这种限定条件下,这些频率之间可以互相吸引。这时频率很可能被拉扯成一个或多个小团块,至少在光谱的某些区域是这样。被拉入这些团块的频率必然被拉离某个地方,从而造成频谱的裂缝,在这里谱功率比我们预料的要低。在个体生成的脑电波的自相关曲线中实际上就存在这种现象,如图9所示。图中在每秒9个周期的频率位置上谱功率急剧下降。采用低分辨的谐波分析的早期作者很难发现这一点[1]。

为了使脑电波起源的这一假设成立，我们必须就振荡器的存在和性质的假设对大脑做检查。麻省理工学院的罗森布利斯教授告诉我存在一种被称为后发放的现象[2]。当闪光传递到眼睛后，与闪光相关联的大脑皮质的电位并不立即回到零，而是经历了一系列正的和负的相位变动后才消失。我们可对这种电位变化模式进行谐波分析，结果发现，谱功率主要堆积在10 Hz附近。这一事实至少与我们这里给出的脑电波自组织理论不矛盾。在身体的其他节律上，我们也已经观察到这种由短时振荡聚在一起所形成的持续振荡，例如在许多生物体上都观察到存在大约23又1/2小时的昼夜节律[3]。随着外部环境的变化，这个节律可拉成昼夜24小时的节律。从生理上讲，生物的自然节律是否完全是24小时节律并不重要，只要它能够被外界环境吸引到24小时节律上即可。 200

一个可以为我的脑电波假设的有效性带来启发的有趣实验是用萤火虫或其他如蟋蟀和青蛙等动物所进行的实验。这些动物能发出并接收到视觉或听觉可感知的脉冲。人们常以为一棵树上的

---

① 我必须说，英国布里斯托神经系统研究所的格雷·沃尔特博士已经获得了存在一些窄的中央节律的证据。我不了解他的方法的全部细节，但我明白，事实上，在他的脑电波局部定位图上就有他所指出的现象。随着偏离中心向外移动，表示频率的射线集中于一个个相对狭窄的区段上。

② Barlow, J. S., "Rhythmic Activity Induced by Photic Stimulation in Relation to Intrinsic Alpha Activity of the Brain in Man", *EEQClin. Neurophysiol.*, **12**, 317－326 (1960).

③ *Cold Spring Harbor Symposium on Quantitative Biology*, Volume XXV (Biological Clocks), The Biological Laboratory, Cold Spring Harbor, L. I., N. Y., 1960.

萤火虫会同时发光,这种表观现象已被确认为是人眼的幻觉。我听说过,在东南亚,有些萤火虫所产生的这种现象是如此显著,以致我们很难将其归因于幻觉。现在知道,萤火虫有双重动作。一方面,它或多或少算是一种周期性脉冲的发射器;另一方面,它又是这些脉冲的接收器。那么在它们身上同样会发生频率的拉合现象吗?要进行这项工作,我们需要对闪光有非常精确的记录,以便进行精确的谐波分析。此外,需要对萤火虫进行周期性的光照,例201如用一个闪烁的氖管照射,以便确定它是否有一种将自身发光频率拉到与外部照射频率同步的倾向。如果是这样的话,我们将设法获得这些自发闪光的准确记录,以便进行类似于我们在脑电波中所做的自相关分析。在实验尚未进行之前,我无法大胆宣称其完成的结果,但这个研究思路很让我动心,因为在我看来这个实验很有希望,并不困难。

频率的吸引现象也发生在某些非生命体的环境中。考虑有这样一些交流发电机,其频率由连接到原动机的调速器控制。这些调速器将频率控制在一个相对狭窄的区间上。假设发电机并联输出到汇流排上,电流由此输出到外部负载,通常线路中的电流多少会受到诸如灯等负载的开关所带来的随机涨落的影响。为了避免那种在老式的中央车站出现的电闸人为切换的问题,我们假定发电机的开关是自动的。当发电机的运转速度和相位与系统中其他发电机相接近时,一个自动装置就会将其连接到汇流排上去,如果它出于偶然的原因其频率和相位偏离正确值太远,那么类似的装置就会自动将其关掉。在这个系统中,一个跑得太快而频率过高的发电机将会承担大于其正常份额的负荷,而一台运行过慢的发电机则承担不到其正常值的负荷。结果是各发电机的频率之间有了吸引力。整个发电系统就好像有一个虚拟的调速器在起作用，它比每台发电机所附的单个调速器的调速更精确，它由这些调速器与发电机之间的电气相互作用组成。从这一点上看，发电系统的精确频率调节至少部分是由于这种电气相互作用的结果。正是这一点使得采用高精度的电子钟成为可能。

因此我建议，我们应在实验和理论上按照我们研究脑电波的方式来研究这种系统的输出。

从历史上看，有趣的是，在早期的交流电机工程研究中，人们曾尝试过用串联而不是并联的方式将同样的恒压输出发电机连接到发电系统上。但研究发现，这时每台发电机的频率相互作用是排斥性的而不是吸引性的。结果是这种系统不可能稳定，除非用一根共同的轴或齿轮将每台发电机的转动部分连接起来。另一方面，发电机汇流排的并联连接具有一种内在的稳定性，它使不同电站的发电机能够联合成一个单独的自足系统。如果用生物来类比，就是说并联系统比串联系统具有更好的稳定性，因此得以幸存下来，而串联系统则通过自然选择被淘汰。 202

因此我们看到，引起频率吸引的非线性相互作用可以产生一个自组织系统，我们讨论的脑电波和交流电网就是这样的例子。这种自组织现象决不仅限于这两种频率非常低的现象。对此不妨想想频率在红外光或雷达光谱级上的自组织系统。

正如我们之前所说，生物学的一个主要问题是，构成基因或病毒的主要物质，或是有可能形成癌变的特定物质，是通过什么途径从那些缺乏这种特异性的物质（如氨基酸和核酸的混合物）中复制出来的。通常给出的解释是,这些物质中的一个分子起着模板的作用,根据这个模板,小分子将它们自己结合在一起,形成一个类似的大分子。这主要是一种修辞,只是用另一种方式来描述生命基本现象,即其他大分子是按现有大分子的图像来形成的。但这个过程的发生是一种动力学过程,它涉及各种力或其等价的物理量。描述这种力的一种完全可行的方法是,主动承担分子特异性的载体可能是分子辐射的频率模式,其中一个重要部分可能是红外波段甚至更低的电磁频率。在某些情况下,可能是特定的病毒物质发出红外振荡,这种振荡有利于从氨基酸和核酸的惰性浆液中生成其他病毒分子。这种现象很可能就是一种有吸引力的频率相互作用。由于整件事还是悬案,有很多细节没有确定,因此我就不具体展开了。进行这方面调查的明显方式是大量研究病毒材料(如对烟草花叶病毒的晶体)的吸收光谱和发射光谱,然后观察这些频率的光对处于适当营养物质环境下的现有病毒产生出更多病毒的影响。当我谈到吸收光谱时,我说的是一个几乎肯定存在的现象;至于发射光谱,我指的是某种荧光现象。

203

任何这样的研究都会涉及如何在通常被认为是强的连续光谱背景下对光谱进行详细检查的一种非常精确的方法。我们已经看到,在对脑电波的微观分析中我们就面临着这样的问题,而干涉法在数学本质上也一样存在这个问题。因此我需要明确提出,在分子光谱的研究中,特别是对病毒、基因和癌细胞的光谱研究中,我们需要探索这种方法的全部效果。预言这些方法在纯生物学研究和医学研究中的全部价值还为时过早,但我希望它们能在这两个领域中发挥最大价值。

索　　引

（索引页码为原书页码，即中译本边码）

译 后 记

诺伯特·维纳的《控制论》是系统控制理论这门学科的奠基之作。之所以这么说，是因为虽然这门学科的发展今天已经渗透到自然科学和社会科学的方方面面，但我们都可以在本书中找到这些发展和应用的源头。本书初版写于20世纪40年代，当时维纳就已经透彻地看清了信息反馈控制在工程研究、医学研究和社会科学等领域的应用前景，提出了控制论这一跨学科的新概念。今天，控制论的发展已经从单机自动化跨越到处理多因素、多输入-输出的非线性大系统(如宏观经济系统、生态系统和资源配置系统等)。维纳当年的预言很多变成了现实。因此，再次捧读本书，当有追根溯源之效。

由于控制论是研究各类系统的信息交换、反馈调节和控制的科学，所涉对象遍及通信工程、计算机、普通生理学、心理学和社会科学等门类，因此维纳的这本书写得洋洋洒洒。有些章节哲学味很浓(比如第1章)，有些章节则非常数学化，非常抽象(比如第2、3章)，因此有必要为读者在逻辑上梳理出一个梗概。本书的特色之一是有一个长长的(超过25000字，20页)引言。在这里作者交代了本书的缘起、控制论(Cybernetics)一词的由来、建立这门学科的必然性，以及该学科对于社会发展的潜在意义。在第1章里，作者主要是强调控制论的研究对象本质上是开放系统，具有统计上的不可逆性，因此需要用统计的方法而不是用牛顿力学的方法来处理。这样很自然地过渡到第2章（概述所用的统计方法）和第3章（定量描述作为信息载体的时间序列的数学处理）。在第4章里，作者主要阐述了反馈概念对于控制的重要性和普遍性。如果反馈失调，系统就会引起振荡，这在工控机和动物体上都是一样的。第5章论述信息流正常运作所需的基本条件：二值运算逻辑和运算载体计算机。类比到动物身上就是神经系统。第6、7章具体阐述控制论在人体上的可适用性，提出了用控制论思想来设计人工器官的可行性。第8章则将控制论原理推广到处理社会科学问题。这一章最容易读，是作者从专业角度对社会问题做出的思考。在补充的两章里，控制论思想被扩展到智能机器的研究，可看成是发当今大系统研究中自适应、自学习、自组织原理之先声。

这本名著出版不久，国内就已有专家将其译成中文出版（1961年，罗劲柏、侯德彭、陈步和龚育之四人合译，以“郝季仁”笔名发表），并于1962年在原书第2版做了补充后出版了中文第2版。由于年代久远，当时的很多术语用词在今天读起来已显得有些陌生，因此有必要用今天更常用、更规范的表述让这本名著面世。这便是出版社决定重新翻译这本名著的初衷。译者不揣孤陋，接下任务，非常感谢出版社的信任。同时译者也要感谢前辈提供了一个优秀的中译本，为译事省却不少精力。

王文浩

2018年春节